TURING 图灵新知

“数学脑”探秘

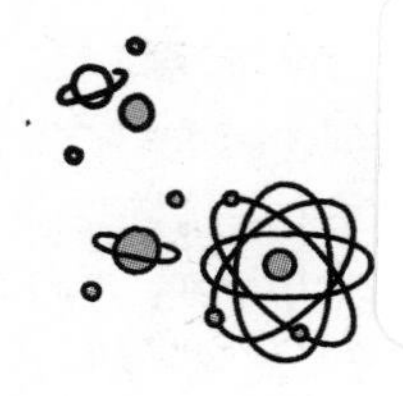

一通百通的数学思考法

陈永明 著

人民邮电出版社
北京

图书在版编目（CIP）数据

“数学脑”探秘：一通百通的数学思考法 / 陈永明著. -- 北京：人民邮电出版社，2022.10
（图灵新知）
ISBN 978-7-115-59675-8

Ⅰ.①数… Ⅱ.①陈… Ⅲ.①数学–普及读物 Ⅳ.①O1-49

中国版本图书馆CIP数据核字(2022)第121929号

内 容 提 要

你想知道数学家是怎样思考问题的吗？你想提高自己的数学成绩吗？本书以思考方法为基础，讲述了化归、方程思想、整体思想、证明思想、逻辑语言等近40种代数和几何学习中常见、实用且极富启发意义的思考方法，并从这些方法出发，结合当下常见的例题和解题思路，捋顺各种常见“技巧”。本书在学习和解题方面具有很好的指导意义，并充分展现了数学思考方法的精华。

◆ 著　　　　陈永明
责任编辑　戴　童
责任印制　彭志环
◆ 人民邮电出版社出版发行　　北京市丰台区成寿寺路11号
邮编　100164　　电子邮件　315@ptpress.com.cn
网址　https://www.ptpress.com.cn
北京天宇星印刷厂印刷
◆ 开本：880×1230　1/32
印张：10　　2022年10月第1版
字数：215千字　　2022年10月北京第1次印刷

定价：69.80元

读者服务热线：(010)84084456-6009　印装质量热线：(010)81055316
反盗版热线：(010)81055315
广告经营许可证：京东市监广登字20170147号

推荐序

为陈永明老师的著作写序，已经是第二次了。第一次是在2010年，他带领一批青年教师写了一本《数学习题教学研究》。这次我读了陈老师的新作《“数学脑”探秘：一通百通的数学思考法》，乐于写上几句自己的体会。

这本书的宗旨是教你怎样学好数学。陈老师在数学教师的岗位上摸爬滚打了一辈子，有着丰富的教学经验，对很多问题也有自己独到的看法。

他认为数学大致上有三种不同的难。有句名言说“数学是思维的体操”，思维无非是想。“想不到”怎么办？“想不通”或者“理不清”又该怎么办？本书里没有高谈阔论，只有平实的“大白话”，把对付这三种难的要点一一道来，直达要害。

陈老师在数学中的逻辑和语言问题方面也颇有心得，比如，他抓住了同学们容易混淆的“不都”“都不”这两个词进行剖析，并提出了“一致性命题”这一重要概念，帮助读者加深理解。

数学科普书车载斗量，但讲数学学法的书并不多，特别是汇集并介绍很多优秀教师经验的书，更是凤毛麟角。讲如何解题的书也是铺天盖地，但教会大家从解题过程中领悟思想方法的书却很少。本书还特别在中学数学知识的基础上，给读者打开一扇小窗，让读者领略一下迭代、算法等现代数学的思想，开开眼界，活跃思路。

总之，这是一本很有价值的书，我特别推荐给各位中小学生，以及他们的家长和数学老师。

张景中

2022 年 5 月

前言

数学，是一门奇怪的学科。怕它、恨它的人，把它视为魔鬼；爱它、喜欢它的人，却对它迷恋得如痴如醉。怕它、恨它的人觉得自己不是学数学的料，羡慕别的同学有颗“数学脑”。其实，学好数学主要不是靠天赋，而是靠后天的努力，尤其要掌握数学的特点和学习方法。你的“数学脑”只是没有被开发出来而已！

这本书就想和青少年朋友谈谈怎样学好数学的问题，怎样使自己也有一颗“数学脑”。

首先，要掌握正确的数学学法。我小时候就不“聪明”，还留过级，长大懂事以后，却一下子考进了名校——上海中学，而且还得过“全五分”的成绩，被评为校级优秀学生。可以这样说，我对学习有着正、反两方面的体会。

我最初曾在中学从教 12 年，之后的 37 年里一直做教师培训工作。接受过我培训的老师之中有多位已成为特级教师或校长。我认识到，为了做好“老师的老师”，自己首先应该做好一名学生。于是，我认真学习了许许多多优秀教师学习数学的经验，比如赵宪初老师的“学数学有时就是要咬文嚼字”“要先举三反一，才能举一反三”的观点；孙维刚老师的“一题多解，多解归一，多题归一”的观点；傅学顺教授的“反应块”理论；张景中院士的“中巧说”，等等。我也总结过自己的一些经验，如停留性错误、解题模块、命题联想、数学学习的“三难”等。记得当初，我发表了《数学难》这篇文章之后，读者们纷纷“点赞”，说这篇文章用“大白话”点破了学数学的三种不同的难。

如今我已是耄耋之年，本书中的学习方法也是我多年逐渐认识、体会，并最后总结出来的。对于同学们来说，这些经验或许可以让大家少走不少弯路。

其次，要了解数学的特点。任何学科都有自己的特点，要学好数学当然应该了解数学的特点。譬如，数学家看问题特别强调基本量和确定性；又譬如，解决数学问题会运用抽屉原则、特殊值法、平均值原理、正难则反、反客为主、举三反一等方法。这些思想和方法充满了辩证观点，因此也可以指导我们日常的工作和生活。

过去，由于应试的压力，有些中小学生的知识面或许比较狭窄。我们在课堂上几乎没有接触过飞速发展的现代数学。特别是，由于计算机的兴起，数学学习已经发生了不小的变化，产生了好多新思想、新原理和新方法。比如，大家在中学阶段遇到的一元二次方程的求根公式、韦达定理，这些东西或许已经被你们用得很熟了，难题你们也做了不少吧？但是，今天的数学家几乎已经不再用它们了，而是用迭代等方法来求根。所以，大家应该扩大知识面，开阔眼界。

本书除了介绍中学数学学习中的一些常见思想和方法之外，还特意针对中小学生，对现代数学的一些新思维和新方法，如算法和迭代等做了适当介绍。尽管这些内容未必对中考和高考提分起到立竿见影的效果，但我坚信，掌握这些知识对青少年朋友来说将是终生有益的。

再次，要了解一点儿与数学相关的逻辑。已故的著名数学家谷超豪院士曾因平面几何在教学中的分量被削弱，导致孩子们逻辑思维能力培养得不够而表示担忧，大家称之为“谷超豪之忧”。我觉得谷院士的担忧不无道理。我也认为，我们对逻辑相关知识的教育还很薄弱。过去，大家知道的只有命题的四种形式、反证法等，这些都属于传统逻辑的范畴。其实，中小学数学学习已经用到了数理逻辑的一些基本知识，如“与或非”“每一个”和“有一个”，等等。这些基本知识在中学数学学习中有着重要的应用，比如存在问题、定值问题、恒成立问题等。所以，本书还特别介绍了与此相关的逻辑知识——“一致性命题”。知道了它，你或许可以想通好多问题，一下子有豁然开朗的感觉。我自己把它誉为数学中的瑰宝。

我虽然不是逻辑专家，但在数学教学中的逻辑问题方面是下了一点儿功夫的，比如“一致性命题”就是我在 20 世纪 90 年代提出的一种说法。

最后，要了解一点儿与数学相关的语言问题。前辈数学教育家赵宪初先生说过：“数学里的语文知识，语文老师教不了，应该由数学老师来承担。”我作为数学教师中的一员，理应承担这个教学责任。

我对数学教学中的语言问题也做了很多研究，还曾和青年教师们合作开展过千人调查，并撰写了《数学教学中的语言问题》一书——这可能是我国第一本系统讨论该问题的专著吧。如果不好好掌握逻辑和语言，它们都将变成数学学习道路上的“拦路虎”。本书对数学学习所涉及的逻辑和语言问题做了适当的介绍，希望能帮助大家借此学好数学。

我个人十分喜欢从实际的教学工作中提炼经验，因此，这本书有我自己独特的观点和做法。可以这样说：这本小册子凝聚了我毕生的经验和心血。我很有信心说：这本书对青少年朋友会大有帮助。

为了让青少年朋友有兴趣来看这本书，我在写法上避免了枯燥的说教，而往往从小处着手，然后阐述一个大道理。有时，我还引用了一些趣味故事。本书的例题大多也不难。我更不搞“刷题战术”，而把重点放在让大家掌握数学的正确学法上，帮助大家自己慢慢体会数学的特点，扩展思路，从而融会贯通。

在写作过程中，我得到了黄喆老师、傅琳老师和郑熠晟老师的帮助，在此对他们表示感谢。

本书取名为《“数学脑”探秘：一通百通的数学思考法》。我相信大家在读了本书以后，脑袋会慢慢地“数学化”，逐渐拥有数学家的眼光和数学家的思维方式。最后，祝青少年朋友们将来为祖国效力，对社会有所贡献！

陈永明 时年八十又二

2022 年 5 月

目 录

01 “数学难”之“想不通”

季羡林是我国当代的大学问家，早年留学国外，通晓英文、德文、梵文、巴利文，能阅读俄文、法文，尤精于吐火罗文——你听说过这种语言吗？他是世界上精于此种语言的仅有的几位学者之一，那真是凤毛麟角啊！复旦大学的钱文忠教授是季羡林老师的关门弟子，出于对恩师的崇敬，钱教授写了一本书，叫《季门立雪》。当年，为了撰写这本书，钱文忠曾翻阅了大量资料，并和季老多次交谈。季老是清华学子，钱文忠想了解老师在清华大学时的学习情况，于是问他：“您当年入学考试时的数学成绩怎么样？”原本对于钱文忠的采访，季老一向积极配合，爽快回答，但这一次，他却支支吾吾起来。在钱文忠的追问下，季老不得不开口。他只是低声说：“很低的。”钱文忠见老师不愿意正面回答，就去查了档案，一查，惨了：老师当年数学只考了 4 分——注意哦，这是百分制的 4 分。原来大名鼎鼎的季羡林是数学差生！其实，很多知名学者的数学成绩都不好，除了季羡林，还有钱钟书、闻一多、臧克家等人也曾被数学拖了后腿。假如放到现在，这些大人物可能都无缘上大学了啊。

是的，有很多人觉得数学难。但是你想过没有，数学到底难在哪里？我们不能笼统地说“数学难”，因为这个“难”有多种多样的难法：有的学生根本听不懂老师在讲什么；有的学生听懂了，但轮到自己上手就不知道怎么办。这就是不同的难。数学难，在我看来主要有以下三个“不”：一是想不通，二是想不到，三是理不清。

我们先谈谈“想不通”这件事。为什么会想不通？大致有以下几种情况。首先，可能是你遇到了新的概念和法则，这些新知识的本质就是引入了一种新的数学思想，而它往往和学生的经验有冲突。比如，以字母代表数，未知数居然就可以参与运算了，而且最后还引出了方程——实在想不通！明明从图形上就可以看出两条线段的长度是相等的，却不能借助直观直接解答，非要证明——你说痛苦不痛苦？除此之外，还有复数没有大小、异面直线、a^0竟然等于 1、归纳法、概率……很多知识点都是不容易相通的。其次，数学大量运用了字母和符号，这样做的好处是我们把思维压缩了、精简了，但对于初学者来说，这有时简直像天书一般难懂。再次，你可能遇到了逻辑知识。事实证明，人类头脑里的逻辑思维并不是与生俱来的。复杂、难懂的逻辑知识，如逻辑分类、反证法、同一法、“每一个”和“有一个”的区别、轨迹、恒成立问题等，都是学生面临的一大难关。

那么，遇到了想不通的情况，我们该怎么办呢？

领会本质

数学的新概念、新思想常常和你头脑里原有的东西相冲突。在初次接触一个知识点时，要透过表面领会本质，力求想通，并在以后的学习中加深领会。而很多同学只是满足于解题的“套路”，不领会本质。

譬如 $a^0=1$，有人只是利用它做题目，却不理解这其实是一个定义，而不是推导出来的结论。在数学学习中，每出现一个新概念，我们一定要明确它的意义，也就是要给出定义——这往往会突破我们原始的思维框框。要知道，原先是不允许指数为 0 的，因此 a^0 应该是没有意义的。这好比家里又生了个二胎宝宝，应该给宝宝起个名字，所以我们也应该给 a^0 下一个定义。而且，定义还不能瞎来，就像我们给新生的宝宝起名字，叫“张老大”肯定不合适，因为上面已经有哥哥或姐姐了。那么，我们怎么定义 a^0 才合适呢？

我们希望出现了 a^0 之后，原来的幂的运算法则仍能延续，因此定义它等于 2 就不合适，因为假如这样的话：$a^5 \div a^5=1$，而 $a^0=2$，如此一来，$a^5 \div a^5$ 就不等于 a^0，矛盾！也就是说，原先的运算法则“同底相除，底数不变，指数相减”就不能延续了。为了使整个法则能够延续，定义 $a^0=1$ 才是合适的。

你看，这就是本质：新概念必须定义，而定义要合理。

但是，人的认识不会一次完成，我们需要在以后的学习中不断加深理解。比如，人们后来又定义了负指数幂、分数指数幂——这都是“规定”的，而不是“推出来”的！甚至后来见到的意义也是规定。慢慢地，我们对“新概念必须定义”这个本质问题的理解就深刻了。

咬文嚼字

老一辈数学教育家赵宪初先生说过：“学数学有时就是要咬文嚼字。”我们在理解一个数学概念或定理时，就要弄懂这个概念的内涵和外延（第 12 章“定义”还要专门讨论），这时候，我们往往要字斟句酌。对定义的文句要认真分析清楚：大概念是什么？有哪些限制词？少一点儿行不行？多一点儿有没有必要？抽换掉一些东西可不可以？

例如以下这句定义：“在同一平面内，两条不相交的直线叫平行线。”句子中的“在同一平面内”不可略去，“两条”不可改为一条，“直线”不可改为“线段”或“线”，“不相交”更不可以抽去或更换。

通过这样咬文嚼字的分析，会对概念理解得比较清晰。同样，拿到一个题，对它的条件、结论也要字斟句酌，这样才可以吃透题意。可惜，现在有的老师只要求学生死背定义的文句。

感悟

感悟也很重要。感悟，就是用具体化、形象化的方法，帮助理解抽象的数学概念和法则的意义，有时，我们甚至要“退回”到“原始状态”去思考。这种方法尽管看起来有点儿笨，但只有真正想通了，才能比较彻底地弄明白。

某个概念或法则的本质是什么？为什么要引入这个概念或法则？这个概念或法则被引入之后会带来什么变化？和旧的思维框框有哪些冲突？可惜，在大多数的学习中，概念和法则的引入被两三句话带过，接下来，大家就进入无尽的解题阶段。对概念或法则一知半解，就要解题了，结果是囫囵吞枣，依样画葫芦，生搬硬套解题步骤……其实，很多人并没有真懂、真感悟。

我们拿参数举个例子。在初学时，这个概念其实不易理解，但耐人寻味的是，尽管不少同学不十分理解，相关的题倒是解得非常娴熟，这就是“操练”的结果。如下面这道题：

方程 $x^2+ax+1=0$ 有不相等的两个实根，求 a 的取值范围。

有的同学可能开始套方法：一，先求出判别式（Δ）；二，让判别式大于 0；三，解出 a 的值。但这些同学未必理解参数 a 的意义和作用。

在初学时，建议大家多花点儿时间，做一件“笨”事情：

- 假定 $a=0$，方程的根的状况怎样呢？此时方程为 $x^2+1=0$，显然没有实数解，即 0 不在所求的范围之内；
- 假定 $a=1$，此时 $x^2+x+1=0$，$\Delta=1^2-4\times1=-3$，还是没有实数解，即 1 不在所求的范围之内；
- 假定 $a=2$，此时 $x^2+2x+1=0$，$\Delta=2^2-4\times1=0$，有相等的实数解，即 2 不在所求的范围之内；
- 假定 $a=3$，此时 $x^2+3x+1=0$，$\Delta=3^2-4\times1=5>0$，有不相等的两个实数解，所以 3 在所求的范围内……

这样的例子举得完吗？当然是举不完的。接下来，我们要升华：思考一下，前面所做的无非是计算 Δ 的值：$1^2-4\times1, 2^2-4\times1, 3^2-4\times1, \cdots$是否大于 0，其实也就是研究 $\Delta=a^2-4$ 什么时候大于 0。这样一来，说明同学们最开始套用的“解法”是顺理成章的。

但我们还应再进一步。从上述分析看，参数 a 也是未知数，我们研究 $\Delta=a^2-4$ 什么时候大于 0，其实是在解含有未知数 a 的不等式。知道了参数实际上也是未知数，我们的认识就上升了一步。只是，参数 a 和题目中的未知数 x 不在同一层面上，为了把它们区别开来，a 就叫参数，而不称未知数了。

为什么说参数和原来的未知数不在同一层面上呢？x 是我们要找的，它的值适合这个方程；而添加了参数 a 之后，题目发生了什么变化呢？a 的一个值决定了一个方程；a 的不同值决定了不同的方程，因此，参数 a 的出现意味着有 $x^2+x+1=0, x^2+2x+1=0, x^2+3x+1=0, \cdots$类似的许许多多的方程，或者说，一族方程。$a$ 确定了，方程就确定了；方程确定了，x 的值（根）才能确定。所以说，二者不在同一层面上。

能够认识到这一点，我们的理解就更深刻了——这就叫感悟。不要以为这样做是在浪费时间，这样做虽然“笨”，但华罗庚先生早就说过：“妙算还从拙中来。”

再看一个例子。

有一段篱笆总长为 20 米，用它围成一个一边靠墙的矩形，问：边长各是几的时候，该矩形面积最大？

刚学习这类题时，不少同学因为之前学了列方程，常常从列方程的角度去想。但是，无论设一个未知数还是两个未知数，此时都无法列出方程。其实，这里只能列出函数，然后求这个函数的最大值——一下子想不通，不要紧，可以举例子啊。

- 设和墙平行的那段篱笆长为 2 米，那么另外两条边长 9 米，矩形面积为 18 平方米。
- 设和墙平行的那段篱笆长为 4 米，那么另外两条边长 8 米，矩形面积为 32 平方米——比刚才的大了。
- 设和墙平行的那段篱笆长为 10 米，那么另外两条边长 5 米，矩形面积为 50 平方米——这下更大了。

  ……

我们发现，不同的长与宽的值，对应的矩形面积是不同的。试几次就会发现：噢！这实际上是在求函数的最大值的问题啊。这下子，我们就能领会本题的本质不是列方程，而是研究函数的最大值。根据题设，矩形面积是不确定的，它因一边长的不同而不同，

可见，矩形面积值是关于（平行于墙的）边长 x 的函数。不难列出函数式

$$y = x \cdot \frac{20 - x}{2}$$

现在就是要求这个函数在什么时候取最大值。

这样举例可以得到感悟，理解函数最大值的意义，后面列出函数式，也显得自然了。

02 “数学难”之“想不到”

数学的第二种难与第一种不同，不是想不通，而是想不到。譬如，解答几何证明题时如何添辅助线就属于这种情况。一道几何题，百思不得其解，但有人指点一下，立马开窍了，这是怎么回事儿？

数学里的问题，有的有程序性，如大多数代数问题，基本上有章可循，多项式的乘法、解方程就属于这种情形。而“想不到”的问题，一般都涉及思维的发散性和灵活性。几何问题和代数中的因式分解问题，往往没有固定程序，同学们常常会遇到“想不到”的困难。

怎么对待这种难？这就要学会联想，学会发散思维。

或许对于所谓的“天才”来说，他们的思维方式往往具有“异想天开”“天马行空”“极度跳跃”的特质。但是，这样的天才是极少数的。甚至像华罗庚这样的大数学家也不认为自己是天才，他不是说过**“聪明在于勤奋，天才在于积累”**吗？对大多数的同学来说，尽管咱们不是天才，但咱们的思维都有一定的灵活性、发散性，甚至创造性，如果后天进行培养，这些特性就会变得更好。我们完全不必自卑。

发散，是不是没有规律可循？应该说，有规律，也没有规律。

人类历史上一些伟大的发明和发现，往往是人们得到了某个现象的启发——灵机一动，闪念稍纵即逝，过了这个村就没有这个店了。那我们什么时候才能来灵感？遇到什么事情会得到启发？

不知道。因此可以说，这里没有规律。但是，一般的联想和一般的发散还是有规律可循的，联想能力和发散能力可以后天培养。这几十年冒出了一个新学科，叫“创造学”，这里面貌似有不少道理。创造学讲发散思维、灵活性，但是也讲总结规律。既然讲灵活，那还讲规律？没错，创造学所讲的“创造 12 法”就是种种常用的创造方法的总结。原来，发散思维和收敛思维是相辅相成的。

在数学里，特别是在几何领域，同学们有好多“想不到”的困难，就是因为找不到条件和结论之间的联系，实际上，这是找不到法则和题目之间的联系。所以，“想不到”实际上是“联不上”。怎么解决呢？我们应该把联想条理化。

反应块

华南师范大学的傅学顺教授提出了“反应块”理论：“一看到”某些东西，马上就应该“想到”另一件东西（如法则、结论）。这样的“一看到……就想到……”就是一个“反应块”。傅教授说：“反应‘块’积累得多了，你的反应就‘快’了。”

一看到“$ab>0$”，就应该想到“a, b 同号”。

一看到“$x+y=a, xy=b$”，就应该想到“$(x+y)^2, x^2+y^2, \frac{1}{x}+\frac{1}{y}\cdots$都可以求出来”。

一看到含 30° 角的直角三角形，就应该想到一系列的结论：

- 三边长度之比是 $1:\sqrt{3}:2$；
- 斜边长是较短的直角边的 2 倍；
- 如果作斜边上的中线，那么原三角形被分成一个等边三角形和一个等腰三角形；

- 斜边上的中线等于斜边的一半；
- 斜边上的中点是外接圆的圆心……

我们要在学习中和解题过程中积累这样的反应块。

我和傅老师的观点不谋而合，但我更主张尽量将联想形成系统，并提出了“命题联想系统”，即等价命题联想系统、上游命题联想系统和下游命题联想系统，这样我们就可以使思维更有条理，好处多多。

- 等价命题联想系统：和命题 A 等价的命题 $A_1, A_2, A_3, \cdots$ 形成一个命题集合；
- 上游命题联想系统：能够推出命题 A 的命题 $A_1, A_2, A_3, \cdots$ 组成一个命题集合；
- 下游命题联想系统：能够由命题 A 推出的命题 $A_1, A_2, A_3, \cdots$ 组成一个命题集合。

等价命题联想系统

首先，我们要尽量找到某个命题的等价命题。比如，当我们看到这道题：

直线 L: $y=kx+3$ 过点 $P(1, 2)$，求 k 的值。

就应该想到：

- **换位**：主语和谓语换一换，看问题的立足点就变了，于是得到一个等价命题：“直线 L 过点 P” 就是 “点 P 在直线 L 上”。
- **换系统**：几何系统改为代数系统，于是得到一个等价命题：“点 P 在直线 L 上”就是“数组 (1, 2) 满足函数式 $y=kx+3$”。

于是将 $x=1, y=2$ 代入式子 $y=kx+3$，可求出 k 的值。

不要小看这样的转化，有不少同学就是想不到，生生地就在某一步上傻住了。面对一个命题，每个人头脑中的等价命题联想系统是不同的。比较优秀的学生的等价命题联想系统极其丰富，他们会把不同时期学到的知识组合在一起。

比如，当他们看到“a, b 是非负实数”时，就会想到它与下列命题等价：

$$a^2+b^2=0,\ \sqrt{a}+\sqrt{b}=0,\ |a|+|b|=0,\ a^{2n}+b^{2m}=0,\ a=b=0$$

甚至和 $a+b\mathrm{i}=0$ $(a, b\in\mathbf{R})$ 也是等价的，也就是说，他们的头脑中构成了知识跨度较大的等价命题联想系统。

然而，“学困生”往往缺乏联想，见了这个想不到还可以得到那个，不能从教科书上的知识扩散出其他的知识。在学习数学时，我们经常要换角度解释，原本想不通，换了个角度，可能就想通了；原本想不到，换了个角度，可能就想到了。这就是运用了等价命题联想系统。

上游命题联想系统

我们在学习时应该随时建立一座“仓库”，比如在学了三角形之后，我们就知道了证明两线段相等的好多办法，这就像一座仓库。接下来，我们又学了平行四边形，于是又多了好几个证明办法，如：

- 平行四边形的对边相等；
- 平行四边形的对角线互相平分，即一条对角线被对角线的交点分为相等的两段；
- 矩形的对角线相等；
- 正方形的四条边相等。

这时，我们就要把这些办法也放到那座仓库里——不断充实，形成系统。而且，我们在遇到要证明两线段相等的问题时，就要想起这座仓库，并从中提取需要的“零件”。

例如，证明“矩形判定定理 2”，即“对角线相等的平行四边形是矩形”。有一天，我去听课，老师就问到这个问题，全班同学都没想出办法来。这道题的关键是证明平行四边形的角是直角，怎么办？同学们想到了证明三角形全等啊，三线合一啊……就是想不到一个最最不起眼的方法。其实，证明直角方法的“仓库”里有好多办法：

- 两个角之和等于 180°，且它们是相等的；
- 在一个三角形中，如果有两个内角的和是 90°，那么剩下的那个内角是直角；
- 等腰三角形底边上的中线垂直于底边（三线合一），等等。

在上面所列的几条中，第一条最不起眼：“两个角之和等于 180°，且它们是相等的。”这太平常了，反而最不容易想到，而这里恰恰就要用这一条来证明。如果你平时积累了这么一座仓库，在遇到问题时，就可以对仓库里的办法一条一条地思考，合理筛选，也就不会想不到证明的方法了。

下游命题联想系统

我们在学习时还应该尽量看出从某个命题可以推出什么结论。如图 2.1，在平行四边形 $ABCD$ 中，对角线交点为 O，于是可以从中得到很多关系。

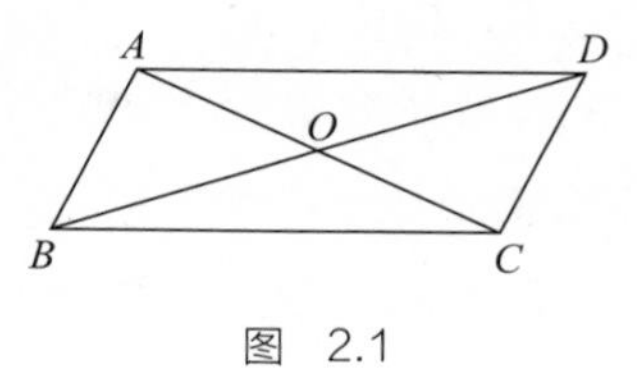

图 2.1

- 线段关系

  对边相等：$AB=CD$，$AD=BC$。

  对角线互相平分：$AO=CO$，$BO=DO$。

- 角的关系

  对角相等：$\angle ABC=\angle ADC$，$\angle BAD=\angle BCD$。

  对顶角相等：$\angle AOB=\angle COD$，$\angle BOC=\angle AOD$。

  内错角相等：$\angle ADB=\angle DBC$，$\angle DAC=\angle ACB$，$\angle BAC=\angle ACD$，$\angle ABD=\angle BDC$。

  同旁内角互补：$\angle DAB+\angle ABC=180°$，$\angle ADC+\angle DCB=180°$，$\angle ABC+\angle BCD=180°$，$\angle BAD+\angle ADC=180°$，

  各三角形的内角和等于 180°。

- 直线位置关系：$AB/\!/CD$，$AD/\!/BC$。
- 三角形全等关系：$\triangle ABO\cong\triangle CDO$，$\triangle BCO\cong\triangle DAO$，$\triangle ABD\cong\triangle CDB$，$\triangle ABC\cong\triangle CDA$。
- 三角形等积关系：除上述全等三角形是等积三角形外，还有 $S_{\triangle ABC}=S_{\triangle BCD}=S_{\triangle ABD}=S_{\triangle ACD}$。

这也是一座大仓库。

除了定理和公式，我们也要研究基本图形的等价命题和下游命题。

我强调在平时训练时“全面罗列”，特别是在初学阶段，不妨全面、系统地把已知条件的等价命题和下游命题，以及欲求结论的等价命题和上游命题，一一列出。这样做便于在解题时进行合理筛选，做到有条有理。其实，这种方法颇具算法思维的色彩。再看下面的例子：用向量证明三角形中位线定理。

如图 2.2，已知 D, E 分别是 AB, AC 的中点，证明 $DE//BC$，$DE=\frac{1}{2}BC$。

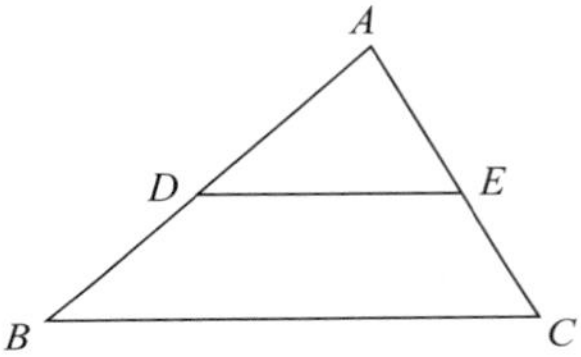

图 2.2

证法如下：

$$\overrightarrow{DE}=\overrightarrow{DA}+\overrightarrow{AE}=\frac{1}{2}\overrightarrow{BA}+\frac{1}{2}\overrightarrow{AC}=\frac{1}{2}\overrightarrow{BC}$$

所以，$DE//BC$，$DE=\frac{1}{2}BC$。

我有一次去听课，老师正好出了这道题。题目一出，全班鸦雀无声。其实关键在第一步：同学们根本没有想到 $\overrightarrow{DE}$ 可以等于向量 $\overrightarrow{DA}$ 与 $\overrightarrow{AE}$ 的和。大家在学习向量的加法法则——三角形法则（图 2.3）时，不妨思考一下：这个公式可以推出哪些等价命题和下游命题？

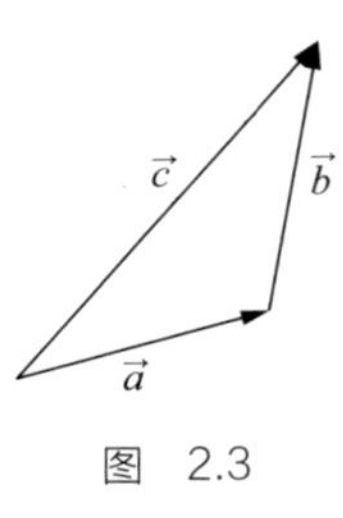

图 2.3

既然

$$\vec{a}+\vec{b}=\vec{c}$$

那么

$$\vec{c}=\vec{a}+\vec{b}$$

这就是一个等价命题。条件和结论这么“反一反”，考虑问题的出发点就不一样了。如果你脑子里有这么一根弦，那么在遇到这道题时可能就不会觉得困难了。你看，同样一个公式，仅仅是思考问题的角度发生了变化，问题就迎刃而解了，但在关键时刻，你的思维就是转不过来，可见研究等价命题有多重要。

上、下游命题联想，实际上是很多优秀教师的经验。在我求学的时代，老师就讲了要由因索果，执果寻因，其实就是寻找上游命题和下游命题。我强调“尽量形成系统”，尽量全面罗列，这样我们就可以快速、不遗漏地进行合理筛选，从中找到联想的方向。之后，通过联想的条理化，就可以快速提高联想能力。但需要说明的是，我们在中小学数学阶段按部就班培养的联想能力可能还是有一定的局限性，同学们经常还是“联不上”，因此我们自己适当地尝试一题多解，适当地见识一点儿“开放型”题目，是有必要的。

03 “数学难”之“理不清”

有时，一道数学问题涉及了方方面面，十分复杂，使人顾此失彼，混淆概念，导致“理不清”的情况。

一种情况是，题目涉及了多方面的知识点，集中了各种难点。比如列方程解应用题，列方程本身学起来已经让人感到困难，加之同学们可能生活经验不足，“相向而行”这种语言表达也可能干扰大家对题目的理解，进而产生混淆。比如平行四边形的证明问题，其涉及性质定理和判定定理，文字上看起来差不多，但它们是互逆的：一个是“已知平行四边形，推出对边相等的结果”，另一个是“从两组对边相等的条件，推出是平行四边形”。这里面有数学问题，也有语言问题和逻辑问题。再如在教科书上，数学归纳法一开始出现的例题常常是关于数列的，也容易让人糊涂。我们看一道例题。

例 1　求证：$1+3+5+\cdots+(2n-1)=n^2$。

证明：假定 $n=k$ 时等式成立，即

$$1+3+5+\cdots+(2k-1)=k^2$$

那么当 $n=k+1$ 时，有的同学往往简单地代入等号左边的末项中，得

$$1+3+5+\cdots+(2k-1)=1+3+5+\cdots+(2k+1)$$

进一步解下去的时候，我们发现总有点儿别扭。其实当 $n=k+1$ 时，不仅等号左边的末项发生了变化，连项数也变了：当 $n=k$ 时，

只有 k 项；当 $n=k+1$ 时，有 $k+1$ 项——多了一项！应有下式：

$$1+3+5+\cdots+(2k-1)=1+3+5+\cdots+(2k-1)+(2k+1)$$

数学归纳法本身是一大难点，这次又遇到了数列的项数变化，难点混在一起了。

第二种情况是，我们遇到两个概念，它们既有相似的地方，又有不同的地方，从心理学角度来说，这是最容易混淆的。譬如，前面说到的平行四边形的性质定理和判定定理；分数问题中的“占 $\frac{1}{3}$”和“$\frac{1}{3}$ 吨”，看着形式相似，其实意义大不一样。除此之外，还有很多看着相似，其实不同的概念：

- 极大值和最大值；
- 倒数和相反数；
- 幂函数和指数函数；
- 绝对不等式和含有绝对值符号的不等式；
- 相等、全等、恒等、等积；
- 整除和除尽；
- 质数、质因数和互质数；
- 两数和的平方与两数平方的和；
- 相交和两两相交；
- 交和交集；
- 项和因子；
- 抵消和约去；等等。

这中间，有的是词语的顺序不同，如“两数和的平方”“两数平方的和”；有的是数与量不同，如“相交”“两两相交”；有的是程度不同；有的是形式不同；有的是同一个大概念下的两个小概念；有的根本不在同一个大概念里；有的是本质上就不同，而仅仅是用词上相似，如“绝对不等式”“含有绝对值符号的不等式”。

第三种情况是知识和技能之间的互相干扰，导致产生混淆，这也是理不清的原因。譬如，大家学习有理数的运算，是先学了加减法，后学乘法——这一般都能过关。但在复习阶段，当回头再做有理数加减法的题目时，有的同学竟然把乘法的符号法则“负负得正”这种后面学到的知识，用到了加减法上。这是一种“负迁移”。

引入新知识后，你的思维还常常停留在原来的知识里吗？比如在学习字母代表数时，你会不会总以为字母是“正数”，总觉得 $-a<a$ 一定成立？到了复数阶段，你还认为 $2i>i$。这就是把实数范围里的大小关系误用到复数范畴里去了。我把这类错误称为“停留性错误”（后文有专门的分析）。

第四种情况在心理学和脑科学上叫“注意力的分配水平不够”，说白了就是遇到的事情太多，顾了这个，丢了那个。有人看书，就听不见旁人的呼唤，这是注意力集中。注意力除了会“集中”之外，还有好多“品质”，“分配”就是一种。比如作为汽车驾驶员，你需要注意的事情实在太多了：前方、左右方向、速度……你必须合理分配自己的注意力，照顾到方方面面。[①] 在数学问题上，例如合并同类项问题，你既要注意字母，又要注意字母的幂次、项的系数以及系数的正负符号，有时题目中还有括号，

---

① 推荐大家阅读一本关于注意力的书，里面有这类问题的有趣讨论：《注意力：专注的科学与训练》，让 - 菲利普 · 拉夏著，人民邮电出版社，2016 年。——编者注

大家往往容易顾此失彼。

数学思维的特点之一就是有条有理，有根有据，不重不漏。同学们应该学会在混乱中理出头绪。那么，怎么对待这类“理不清”的情况呢？

辨析

概念、法则之间有时会混淆，对此应进行辨析，对比异同。甲和乙两样东西，要进行辨析，就是要找它们的共同点和差异点。表面上的比较还算容易，比如分数和分式的对比，全等和相似的对比。

但深层次的比较就不容易了。譬如前面提到的“占$\frac{1}{3}$”和“$\frac{1}{3}$吨”，前者是分率（不名数），它没有单位；后者则是数，它是有单位的。前者具有相对性，一定要讲“谁的$\frac{1}{3}$”，而后者是独立的。

再如，有的数学书会笼统地、并列地列出以下几个标题：子集、并集、交集、补集。这是表面上的比较和总结，这样一来总让人觉得，这几个概念似乎是在同一个大概念之下的。其实“子集”涉及的是两个集合之间的关系，而“并集”“交集”“补集”涉及的是两个集合的运算。并且，有些同学会误认为只有互相交叉的两个集合才可以求交集。其实，两个集合如果没有公共元素，也可以求它们的交集，只不过这个交集是空集而已。

简单地说，集合间的关系（主要是从有没有公共元素的角度分析）是不产生后果的。子集这个概念反映了集合之间的关系，如果集合 A 的元素全都包含在集合 B 里，就说集合 A 是集合 B 的子集。

这就像数之间的关系，如数 3 和 4，从大小角度来看，它们的关系是 $3<4$；从倍数关系的角度来看，4 不是 3 的倍数。

集合间的运算是会产生“后果”的，两个集合的交集就是求交运算的结果，这个结果也是一个集合，叫交集——既在这个集合里又在那个集合里的元素所构成的新集合。正如两个数做加法（运算），产生的结果就是新的数（和），如 $3+4$ 等于一个新的数 7。

因此，这里有两个概念需要辨析清楚：集合间的关系、集合的运算。理解了这一点，我们就可以完整地讨论集合间的关系。两个集合间的关系如图 3.1 所示。

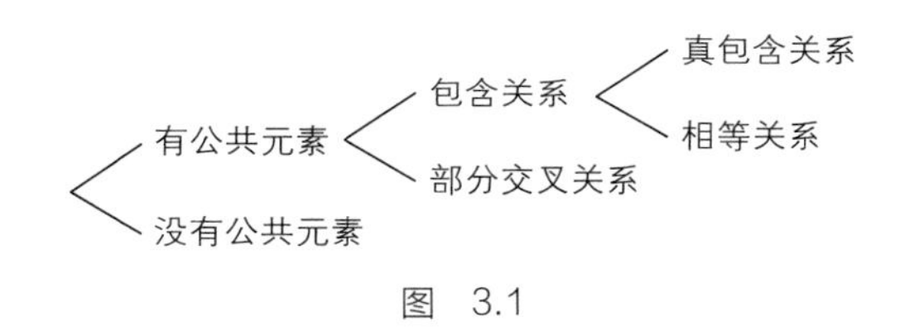

图 3.1

可见，子集仅仅是包含关系中的一个名词，和运算无关。

在这样的辨析之后，你的头脑里就清清楚楚了。辨析清楚了，就不会产生混淆。但是，要辨析清楚可不太容易，要有一定的数学功底和严密的逻辑思维。

分解

假如一个问题里的难点很集中，那就宜将难点分解出来——有经验的老师通常都会这样做，这叫分解难点。即使老师讲解得很清晰，却没有明确分解难点，我们自己也要善于分解难点，搞清楚题目中一共遇到了几个难点，然后一一把它们想通。这时候，预习有一定的好处。

譬如无理方程也算是个不小的难点了，难在哪里？

- 首先是根式的意义。目前在大多数情况下，我们只讨论二次根式，所以你至少应该知道：一，二次根式的被开方数应该非负；二，“x 开两次方”和 $\sqrt{x}$ 的意义不同。
- 其次，解无理方程的基本方法是等式两边平方，但这一步不是同解变换，会产生增根，因此需要检验。这里考查了对增根的认识和处理。
- 最后，有时要应用“换元”等技巧。

这些知识点不是每一位同学从一开始就理解的，难点集中了，就形成困难了。这几个难点，有的应该在学无理方程之前就弄清楚，如二次根式的意义和性质；有的应该在学习的过程中弄清楚，如基本解法（两边平方）及增根的道理和做法。这就是分解难点。

抓住关键

牵牛要牵牛鼻子。有时候，问题看起来很杂乱，其实它常常有一个关键点，抓住关键，有针对性地设计一种办法，难点就会顺利化解。

比如在初学几何时，不少同学不会画三角形的高，特别是钝角三角形的高。画钝角三角形的高为什么会比较难？首先，因为有些同学其实没明白“高”的定义：一是“从一个顶点出发”，二是“作对边的垂线”。他们往往只关注“垂线”，忽视了“从一个顶点出发”，于是就找不到相应的顶点和对边了。这让初学者感到很难，常常手忙脚乱，总是画不对。其次，有人能够画出处于水平的边上的高，却画不出斜置的边上的高，这就是图形的位置在干扰。最后，对于钝角三角形，往往需要作一条边的延长线段之后，才可以在延长线上画垂线，即“高在形外”，这种情况或许和同学们的固有想象不一致。

上海华东理工大学附中的童立贤老师教给学生们一句口诀：“一贴二靠。”第一步，用一把三角尺的一条直角边紧贴三角形顶点的对边；第二步，用另一把三角尺的一条直角边靠着第一把三角尺的上述直角边滑动，一直滑动到第二把三角尺的另一条直角边到达该顶点为止，该顶点对应的高马上就可以画出来。抓住了关键，难点迎刃而解。

再如，不少数学书认为，列方程解应用题的关键是找等量关系，其实，关键是理清数量关系。在初中的应用题里，理清数量关系的最好方法是列表和线段图，数量关系弄清楚了，题目中必定还有一个条件（等量关系）没有用到过，就用它列出方程即可。

有序运算

计算中的粗心问题就像牛皮癣一样，死不了人，但让人十分难受，且难以根治。这也是一个老生常谈的问题了。“粗心”的原因往往在于，大家在运算时所要考虑的事情太多，顾不过来，这就是注意力的分配水平不够。

比如，计算

$$x^2(3x^3-2x^2y-8xy+1)-y(5x^2+7y^3-xy+3)$$

我们要将 x^2 乘第一个括号里的 4 项，这时尤其是最后一项的 1 往往会被漏乘；之后要将 $-y$ 乘第二个括号里的各项，这时往往会疏忽 y 前面的负号；然后还要合并同类项，这时候又要顾及各项的符号、指数、系数……因此在运算时，如合并同类项时，我们要“强迫”自己按顺序做：先用下划线标出同类项，再各自合并。

如今，我们已经淡化了对数计算的要求。当年在我求学时，大家要运用对数表，一会儿确定首数，查表求尾数，一会儿运用反对数表，查有效数字，确定小数点位置……绝对能把你绕得晕头转向。然而，如果事先设计好步骤，要查表的时候一起查，要确定小数点位置的时候统一确定，这样有序化、算法化的做法，可以大大提高计算的准确率。我本是个大大咧咧的人，但在该仔细的时候却不含糊。在一次对数计算的测验中，全班只有我一人得了全 5 分，直到今天，一个甲子过去了，我还感到有点儿自豪呢。

尽管现在不再有这样的题型，但这种思维方式和做题习惯仍然非常典型，我还是举个例子，给大家作为参考吧。

例 2　求 12.6×240.88÷32.76。

分析：用对数进行乘除法计算的方法是，第一步取对数，把原先的乘除法转化为它们对数的加减；第二步，将这几个对数加减，得到一个对数 $\lg x$；第三步，求这个对数的反对数，这就得到了 x 的值了。

解：设

$$x=12.6\times 240.88\div 32.76$$

则

$$\lg x=\lg 12.6+\lg 240.88-\lg 32.76$$

这样，此式归结为三个对数式的加减。我们不妨设计一个竖式图，反映几个数的运算过程（但不管这些数等于几）。运算过程是：前两个数相加，得到的和去减第三个数，最后得到的还是一个对数式。

$$
\begin{array}{rll}
\lg 12.6 = & \text{①} & \\
\lg 240.88 = & \text{②} & (+ \\
\hline
= & \text{Ⓐ} & \\
\lg 32.76 = & \text{③} & (- \\
\hline
\lg x = & \text{Ⓑ} & \\
x = (& \text{Ⓒ} &)
\end{array}
$$

画好这个竖式图之后，接下来第一步求①②③的值，即求出对数。实际上这里面还有两个过程，先要确定对数的首数（不需要查对数表），再查表确定对数的尾数。具体操作时先根据规则确定全部数据的首数，然后再统一查表。第二步做加减法，① + ②得Ⓐ，再Ⓐ - ③得Ⓑ。第三步是由Ⓑ求出反对数（需要查反对数表）Ⓒ。实际上这里面还有两个过程：先查反对数表，再确定有效数字（不需要查表）。这样 x 就得到了。烦不烦？查表的时候统一查表，计算的时候统一计算，这样就不易弄错。这就是有序计算。

04 胸中有图

数学工作者历来十分重视数形结合，华罗庚还写过一首诗：

数缺形时少直观，
形少数时难入微。
数形结合百般好，
隔离分家万事休。

为什么？这是人的思维认知的特点使然。庞加莱说：数学家有两种不同类型——有的偏于直观，有的偏于逻辑。譬如几何学家比较偏于直观，分析学家、代数学家等偏于逻辑。没有一个数学家，可以光靠逻辑，没有直观，或者光靠直观，没有逻辑。

数形结合的内涵应该有两个：一是以图形来帮助理解、操作、记忆甚至证明数学原理，二是用计算、公式来深入分析、证明图形的问题。解析几何就是企图用数和式的计算，来代替找不到证明规律的综合几何的。

本章说的“胸中有图”主要是指数形结合的第一种内涵。就是学习数学时，脑子里常常有张图，用以帮助我们理解、记忆甚至证明数学概念、公式、法则、定理。这样做，好处大大的哦！

数学教学中利用的图，主要有几何图形、函数图像（方程的曲线）、统计图，这些都是数学图。

另外还有示意图，把数学里的原理、关系、题的解法、知识结构整合成一张图帮助我们理解，让人一目了然。示意图里，有的含有一点儿数学原理，只是利用线段、方格、圆圈等图形表示数、面积、集合的元素等，譬如讲分数常常画一个圆饼，切成几个扇形来表示几分之几。集合一章里的维恩图也是一种示意图。讲列方程解应用题，常常用到线段图。但有的示意图里面其实没有数学原理。

不管是数学图，还是示意图，作用可大啦。有些问题想不通，记不住，画个图就可以解决了。所以胸中有图，是个学习诀窍。

直接解题

历史上对勾股定理的证明有好多是用图形直接证明的。譬如我国的青朱出入图，就是用图形割补的方法证明的。古希腊数学家用石子摆出点阵，从而证明一些数列的求和公式。

下面看一个例子，是用图的方法证明式的问题的。不过这样的情况并不太多，对我们来说，用处也不是很大。

例 1　试比较 $\sqrt{x}-\sqrt{y}$ 与 $\sqrt{x-y}$ 的大小。

本题如果用代数方法证明，还是有点儿麻烦的，但是可以用几何的方法证明。

分析： 注意到 $(\sqrt{y})^2+(\sqrt{x-y})^2=(\sqrt{x})^2$，可构造直角边是 $\sqrt{x-y}$、$\sqrt{y}$，斜边是 $\sqrt{x}$ 的直角三角形（图 4.1）。

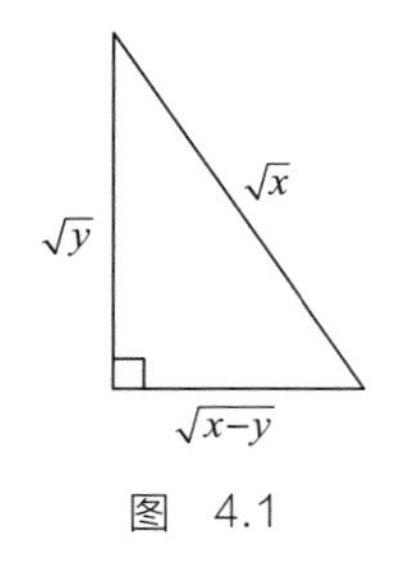

图　4.1

解： 构造直角边是 $\sqrt{x-y}$、$\sqrt{y}$，斜边是 $\sqrt{x}$ 的直角三角形。

根据三角形两边之差小于第三边的定理，得：

$$\sqrt{x}-\sqrt{y} < \sqrt{x-y}$$

在函数里，图像是重要工具。在初中函数部分，有好些同学感到困难，其实就是不会利用图像来帮助思考的缘故。

譬如，看到一个形如 $y=ax^2+bx+c\ (c\neq 0)$ 的二次函数，就要想象它的图像，特别是抓住以下四点：(1) 开口方向，(2) 对称轴，(3) 顶点坐标，(4) 与坐标轴的交点。

开口方向，看 a：当开口向上时，$a>0$；当开口向下时，$a<0$。

对称轴，看 a、b：对称轴方程式 $x=-\dfrac{b}{2a}$。a、b 同号时，对称轴在 y 轴左侧；a、b 异号时，对称轴在 y 轴右侧（左同右异）；$b=0$ 时，对称轴是 y 轴。

顶点坐标是（$-\dfrac{b}{2a}$，$\dfrac{4ac-b^2}{4a}$）。

图像与 x 轴的交点，看 b^2-4ac。$b^2-4ac>0$ 时，有两个交点；$b^2-4ac=0$ 时，有一个交点；$b^2-4ac<0$ 时，没有交点。

帮助理解

例 2　已知抛物线 $y=ax^2+bx+c$ 的图像如图 4.2 所示，对称轴为直线 $x=-1$，请完成以下填空：

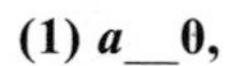

(1) a__0,

(2) b__0,

(3) c__0,

(4) b^2-4ac__0,

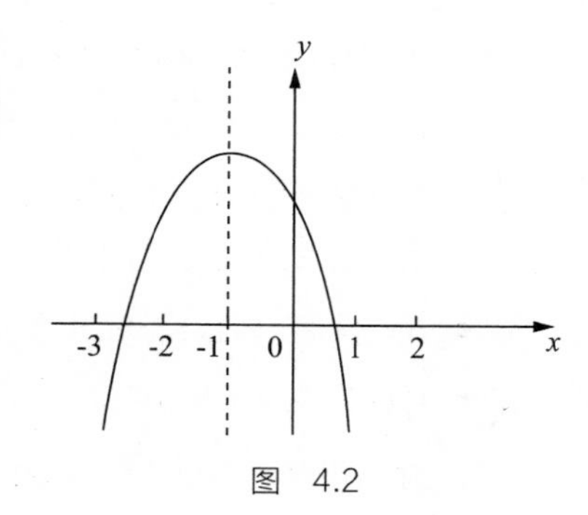

图 4.2

(5) $a+b+c$__0，

(6) $a-b+c$__0。

解：

(1) 因为图像开口朝下，所以 $a<0$。

(2) 对称轴在 y 轴左侧，所以 a、b 应同号，可知 $b<0$。

(3) c 的几何意义是 $f(0)$，从图像可知 $f(0)>0$，所以 $c>0$。

(4) 因为图像和 x 轴有两个交点，所以 $b^2-4ac>0$。

(5) $a+b+c$ 的几何意义是 $f(1)$，从图像可知 $f(1)<0$，所以 $a+b+c<0$。

(6) $a-b+c$ 的几何意义是 $f(-1)$，从图像可知 $f(-1)>0$，所以 $a-b+c>0$。

我们不但要认识函数的图像，还要熟悉图像变换。懂得了图像变换，可以迅速画出复杂的函数图像，从而迅速解决问题。我们总结一下：

- $f(x)$ 变成 $f(x+c)$，则图像向左平移 c 个单位；变成 $f(x-c)$，则图像向右平移 c 个单位。（左加右减，这里设 c 是正数。）这一点是最容易弄错的。
- $f(x)$ 变成 $f(x)+c$，则图像向上平移 c 个单位；变成 $f(x)-c$，则图像向下平移 c 个单位。（这里设 c 是正数。）
- $f(x)$ 变成 $-f(x)$，则图像上下翻折。
- $f(x)$ 变成 $kf(x)$，当 $k>1$ 时，图像纵向放大 k 倍；当 $0<k<1$ 时，图像缩小为 $\frac{1}{k}$。这时候振幅将受到影响。

- $f(x)$ 变成 $f(kx)$，当 $k>1$ 时，图像横向缩小原来的 $\frac{1}{k}$；当 $0<k<1$ 时，图像放大 k 倍。这时候周期将受到影响。

例 3　求函数 $y=\sin(2x+\frac{\pi}{3})$ 的最小正周期。

如果你能很快地画出它的大致图像，就可以迅速把它解出来。先大致勾画 $\sin(2x+\frac{\pi}{3})$ 的图像，操作步骤如下。

(1) 画函数 $\sin x$ 的图像，把它作为起点，进行变换。

(2) 将 $\sin x$ 的图像横向压缩一半，得到 $\sin 2x$ 的图像，它的最小正周期是 π。

(3) 把 $\sin 2x$ 图像向左平移 $\frac{\pi}{6}$ 个单位，得到 $\sin 2(x+\frac{\pi}{6})$ 即 $\sin(2x+\frac{\pi}{3})$ 的图像。注意，这一步最容易弄错：为什么此时 $f(x)$ 是 $\sin 2(?)$ 呢？显然，当左移 $\frac{\pi}{6}$ 个单位时，得到的是 $\sin 2(x+\frac{\pi}{6})$，而不是 $\sin(2x+6)$。

平移不影响周期，所以最小正周期还是 π。

(4) 在此基础上画 $|\sin(2x+\frac{\pi}{3})|$ 的图像。从图像上看，$\sin(2x+\frac{\pi}{3})$ 加上绝对值符号变成 $|\sin(2x+\frac{\pi}{3})|$，就是把 x 轴下方的曲线翻折到 x 轴上方。

把原来以 π 为最小正周期的波形曲线变成了拱形曲线。自然最小正周期就变为原来的一半，即 $\frac{\pi}{2}$。

这个解题过程如果不利用图像，而全凭计算，那是很困难的。

有了图像的帮助，理解数学原理也比较容易，譬如实数的大小、绝对值和相反数都是难点，但在数轴的帮助下，解释起来很好理解。特别是当遇到 $|x-2|<1$ 这样的式子时，有些学生就呆住了，其实，可以用图像来解释：数 x 在以 2 为中心、以 1 为半径的邻域里。或者解释为：x 处于左端是 $2-1$，右端是 $2+1$ 这样一个区间里。

例 4　六年级 1 班和 2 班各有 44 人，两个班都有一些学生参加天文学小组。1 班参加的人数恰巧是 2 班没有参加的人数的 $\frac{1}{3}$，2 班参加的人数恰巧是 1 班没有参加的人数的 $\frac{1}{4}$，问：两个班没有参加天文学小组的同学各有多少人？

题目读来很拗口，我亲眼见过有位老师在分析本题时，把学生们弄得云里雾里的，最后他自己也忍不住笑了，说：“我也有点糊涂了。”哈哈！其实，我们用线段图（图 4.3）可以轻松分析出来，就是因为图形更直观。

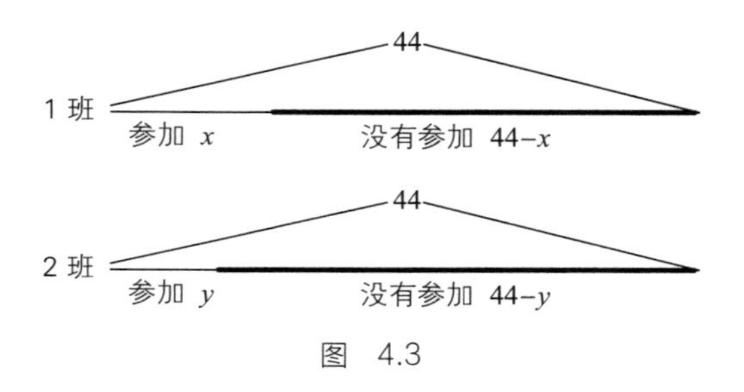

图　4.3

解：设 1 班参加天文学小组的人数为 x 人，2 班参加天文学小组的人数为 y 人，由题意有

$$\begin{cases} x=\frac{1}{3}(44-y) \\ y=\frac{1}{4}(44-x) \end{cases} \text{解得} \begin{cases} x=12 \\ y=8 \end{cases}$$

可见，线段图可以帮助我们形象地弄清数量关系，是解一些算术题的好帮手。

例 5　A、B、C、D、E 这 5 支球队打循环赛，一共要进行多少场比赛？

这时候，我们可以画 5 个点，每个点代表一支球队。先看 A 队，它要和 B、C、D、E 这 4 支队比，相当于由 A 出发画 4 条连线。B 队的对手是 A、C、D、E，因此也分别要画 4 条连线……这样一来，5 支球队共应画 $4\times5=20$ 条连线。考虑到从 A 出发画到 B 的连线和从 B 出发画到 A 的连线是重复的，于是实际上只有 $20\div2=10$ 条连线。这个问题实际上就是求五边形的边和对角线的数目。大家自己动手画画图，看是不是这么回事儿。

例 6　一天早晨，某食堂共有 40 人就餐，有 30 人吃了馒头，有 20 人喝了豆浆。问：有多少人既吃了馒头又喝了豆浆？

解：设光吃馒头不喝豆浆的有 a 人，光喝豆浆不吃馒头的有 b 人，既吃馒头又喝豆浆的有 c 人。

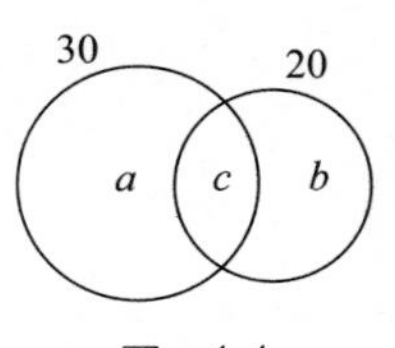

图　4.4

画出维恩图（图 4.4），立即可知：

$$a+b+c=40 \quad (1)$$

$$a+c=30 \quad (2)$$

$$b+c=20 \quad (3)$$

$$(2)+(3)-(1) 得 c=50-40=10$$

例 7　在 6000 和 9000 之间，有多少个没有重复数字的 5 的倍数？

这其实是将 10 个元素安排到 4 个位置里去的问题。限制条件是第一个位置只能安排元素 6, 7, 8，或者说，这里不能安排元素 1, 2, 3, 4, 5, 9, 0。最后一个位置只能安排元素 0, 5，或者说，不能安排元素 1, 2, 3, 4, 6, 7, 8, 9。题目中有两个位置有限制，我称之为**“二限”**问题。

我们不妨画出图 4.5，左边椭圆里的元素是千位上容许安排的元素，右边椭圆里的元素是个位上容许安排的元素。如果分别将它们看作集合，那么这两个集合是没有公共元素的。遵循“有限制的要先安排”的原则，可以先安排千位，再安排个位，最后安排中间两位（也可以先安排个位，再安排千位，最后安排中间两位）。具体的解答过程分成三步：安排千位有 3 种可能，再安排个位有 2 种可能，最后安排中间两个没有限制的位置，也就是从余下的 8 个数字里挑 2 个，即有 P_8^2 种可能。答案是：$3\times 2\times P_8^2$。

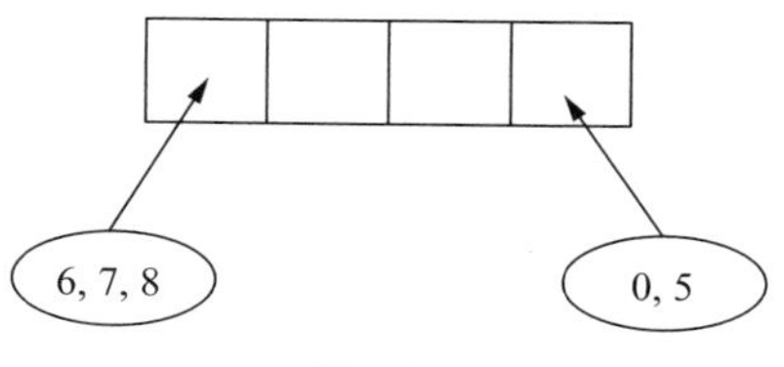

图　4.5

利于记忆

在二项式定理中，系数是关键，记住系数——不要死记，这是有规律的——就可以记住二项展开式。其实，这些系数竟然可以整理成杨辉三角形这样一幅整齐、美丽的图（图 4.6）。

$(a+b)^1$	1 1
$(a+b)^2$	1 2 1
$(a+b)^3$	1 3 3 1
$(a+b)^4$	1 4 6 4 1
$(a+b)^5$	1 5 10 10 5 1
$(a+b)^6$	1 6 15 20 15 6 1
…	…

图 4.6

但是，我眼中最有效、最具数学美的图，可能就是同角三角函数的关系图（图 4.7）了。我在高一时学了它，至今不忘。

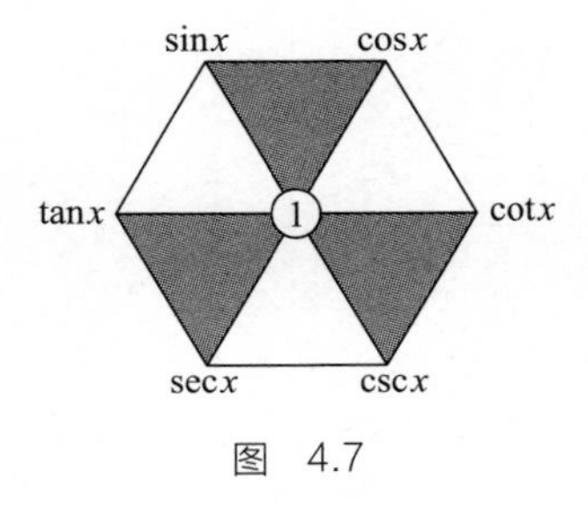

图 4.7

用不同的方法，可以从此图中看出所有同角三角函数的性质。

- 方法一：看三个有阴影的倒三角形，可以记住平方和关系。
- 方法二：看三条对角线，可以记住倒数关系。
- 方法三：看相邻的三个顶点，可以记住相除关系。

  顺时针看：$\tan x=\sin x\div\cos x$, $\sin x=\cos x\div\cot x$, …

  逆时针看：$\cot x=\cos x\div\sin x$, …

需要注意的是，这张图不是证明方法，而仅是帮助我们记忆的示意图。

总之，“胸中有图”可以给我们带来很多好处。为什么呢？因为图示运用形象思维，可以化解理性的、枯燥的数学知识带给我们的学习上的困难。这实在是学习数学的一大窍门。

05 胸中有例与胸中有数

我即将从师范学院毕业去当老师的时候，觉得自己将来当班主任可能会遇到困难，于是读了一些关于“怎样当班主任”的书。记得有一本书里说，老师的脑子里要有 100 则故事。工作以后，这一点真的让我尝到了甜头。有的学生怕艰苦，我就给他讲红军长征的故事；有的学生学习不刻苦，我就给他讲古人悬梁刺股的故事……比起批评，比起讲大道理，讲故事的效果要好很多。这说明，例子是生动的、感性的，常常胜过空洞的道理。学数学也一样，数学是抽象的，用具体的例子来进行解释可以帮助理解，效果更好。所以，我们要自觉地做到“胸中有例”。

理解概念

学习概念时，脑子里要有正面的例子作为支撑，而且这些例子要尽量全面，否则我们会有意无意地把概念的范围理解窄了。比如无理数这个概念，我们的脑子里不能只有 $\sqrt{2}$ 、$\sqrt{3}$ 这样的例子，别忘了 $\sin 1^\circ$、π、0.100 100 01...、$-\sqrt{2}$ 都是无理数——不仅有不尽根，还有超越数；有正的无理数，还有负的无理数。例子有时有“隐蔽性”，容易被忽视。

同时，为了防止把概念理解得过宽，我们可以举反例：记住 2 是偶数，也是质数，就不会认为“所有的偶数都是合数”了。

重视特例

特例往往是“个别”的，是“边角料”，常被忽视、遗漏和误解。譬如，正整数分为奇数和偶数，没有错；但说正整数分为质数和合数两种，就不对了，因为 1 是正整数，但它既不是质数，也不是合数。这里的 1 就是一个特例。对于特例的性质，我们要专门加以总结、练习、记忆，比如：

- 1 的特性：任何数乘 1，积还是这个数；1 既不是质数，也不是合数；1 是任何整数的约数；互为倒数的两个数的积等于 1，等等。
- 0 的特性：0 是自然数；0 是正数和负数的分界数，即大于 0 的是正数，小于 0 的是负数；0 不能做除数，分数的分母不能为 0；任何数乘 0 等于 0；任何数加 0 等于它自己；互为相反数的两个数的和等于 0；方程两边不能同除以 0。

以点带面

数学中有些概念和定理比较复杂，难懂难记，如果能记住几个典型的例子，以点带面，就可弄清这些概念或定理。

譬如，幂函数 $y=x^{\alpha}$ 的图像十分复杂。函数式复杂，它可以是整式，也可以是分式、根式；图像也复杂，它可以是直线，也可以是抛物线、双曲线，有时递增，有时递减，有时凹，有时凸……同学们常常觉得头疼。其实，画第一象限的图像是关键。然而，第一象限的图像的形状因指数 α 的大小而不同，我们可以在 $\alpha>1$、$0<\alpha<1$、$\alpha<1$ 这三个范围里分别选取一个熟悉的例子（图 5.1）。

- 当 $\alpha>1$ 时，记住抛物线 $y=x^2$ 的图像，在这个范围里的图像大致与它相似。
- 当 $0<\alpha<1$ 时，记住 $y=\sqrt{x}=x^{\frac{1}{2}}$ 的图像，它是 $y=x^2$ 的反函

数，大家可能比较熟悉。同理，在这个范围里的图像大致与它相似。

- 当 $\alpha<1$ 时，记住 $y=\frac{1}{x}=x^{-1}$ 的图像，它是反比例函数，我们对它也非常了解。同理，在这个范围里的图像大致与它相似。

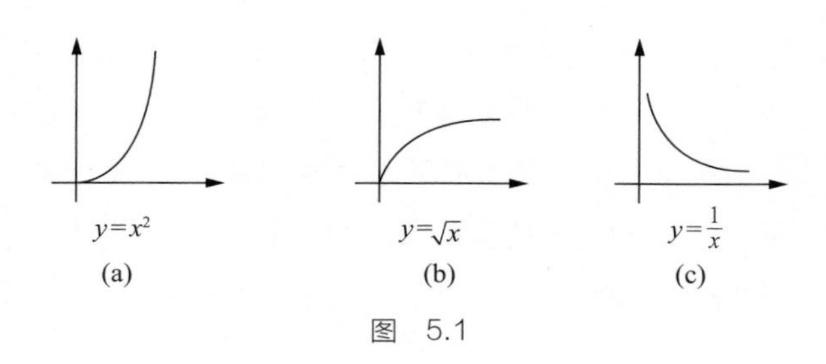

图 5.1

第一象限的图像画出来了，接下来根据定义域和奇偶性就可以画出其他图像。譬如 $y=x^{\frac{4}{3}}$ 的图像，首先看指数的大小：$\alpha=\frac{4}{3}$，大于 1，那么它在第一象限的图像和 $y=x^2$ 相仿（图 5.1a）。再考虑到 $y=x^{\frac{4}{3}}=\sqrt[3]{x^4}$ 是偶函数，于是利用轴对称可以画出最终的图像。这样，通过几个熟悉的典型例子，我们就记住了幂函数图像的各种情形。

在解题时，积累范例的过程其实很重要。不过就目前的状况来说，很多人奉行“试卷教学法”，让学生做一张张的试卷，却少有总结和提炼。这样一来，真正的范例就被淹没在题海之中了。比如，我们在前面提到，在学习概念的时候，反例的作用很大。其实在其他场合，它也很有用。如果你记不清两数和的平方公式，总搞不清 $(a+b)^2=a^2+b^2$ 究竟正确不正确，可以举个反例：如果 $a=1$，$b=1$，那么等式左边就等于 4，而右边却等于 2，显然你的公式记错了。总之，“胸中有例”，心不慌。

以上说的是“胸中有例”，下面谈谈“胸中有数”。

数学里的数常常有其**特征**（一个数是有理数还是无理数？是整数还是分数？是无限循环小数还是有限小数？是奇数还是偶数？是质数还是合数？它是不是3、5、10的倍数？是不是完全平方数？）和**界限**（一个数是正数还是负数？它大于1还是小于1？接近100还是接近1000？两个数哪个大，哪个小？）。“胸中有数”的意思是，我们要掌握一些数的基本特征和界限，这样不但可以迅速地找到思路，有时甚至能直接看出题目的答案（特别是选择题），或者一下子判断出答案是不是错了。就此，我们应关注以下几点。

- **记住一些重要的数**
  - 2的n次方：$2^2, 2^3, 2^4, \cdots$
  - 3的2倍、4倍、8倍……
  - 20以内的质数；
  - 20以内整数的平方数；
  - 几组重要的勾股数组；
  - 除了30°、45°和60°角的三角函数值外，如果可能，不妨记住15°、75°、120°、36°和72°角的三角函数值。

记住这些数值，你在解题时会提高速度。

- **记住数的某些特性**
  - 数的奇偶性，并知道：奇数 + 奇数 = 偶数，偶数 + 偶数 = 偶数，奇数 + 偶数 = 奇数，奇数 × 奇数 = 奇数，奇数（或偶数）× 偶数 = 偶数。
  - 3倍数、9倍数、5倍数的特征。

这样做有一定好处，但我认为不要过分背诵，毕竟学好数学主要不是靠背诵。

- **“诊断”结果**

不少同学在解题时，只会按步骤“套”，即便答案出现明显的错误，如人的步行速度等于 100 千米 / 时，他还会面不改色、心不跳地交卷。其实，答案是违背生活常识的，一般来说，不是你的答案错了，就是题目本身有问题。计算过程中一旦出现“奇怪”的结果，比如你得到的中间结果明显违背数学原理和生活常识，你就该果断地中止计算，进行检查。

如三角形三边的长等于 1、2、4，明显违背定理“三角形的两边之和大于第三边”；如计算得到 $62.7\times0.48=440.86$，其实从答案的整数部分的位数就可以看出不对了；如 $84\times67=5528$，又是错的，因为 84 是 3 的倍数，而 5528 不是 3 的倍数；如 $|2\sqrt{3}-\pi|=\pi-2\sqrt{3}$，因为 $\sqrt{3}=1.7\ldots$，而 $\pi=3.14\ldots$，因此 $\pi-2\sqrt{3}$ 应该是小于 0 的；如 $23\times4+256-12=267$，等式左边的三项都是偶数，它们的和与差只能是偶数，所以肯定错了。

可惜，有些同学完全不会诊断，还是锲而不舍地继续算下去。

- **帮助估算**

估算问题包括:“请估计一下上海有多少外来人口?”这是一道开放题，往往没有标准答案，题目只要求给出合理的结果就行了。在估算的时候，我们要制定策略、选择方法、测定数据、进行统计，最后得到结果——能力要求甚高啊，大部分同学在中小学阶段没有经过这方面的训练，我在这里就不展开了。但我们可以利用估算的办法解决常规的数学题，估算能帮我们判断解题方向，判断答案对还是错，等等。

例 1　比较 $\frac{\sqrt{10}+3}{\sqrt{10}+2}$ 与 $\frac{2\sqrt{5}+2}{2\sqrt{5}+3}$ 的大小。

解：因为
$$\frac{\sqrt{10}+3}{\sqrt{10}+2}>1,\ 1>\frac{2\sqrt{5}+2}{2\sqrt{5}+3}$$

所以
$$\frac{\sqrt{10}+3}{\sqrt{10}+2}>\frac{2\sqrt{5}+2}{2\sqrt{5}+3}$$

这里，数 1 起到了关键作用，解题时就是估计 $\frac{\sqrt{10}+3}{\sqrt{10}+2}$ 和 $\frac{2\sqrt{5}+2}{2\sqrt{5}+3}$ 是大于还是小于 1，于是，我们避免了有理化、通分等烦琐的过程。这就是胸中有数的好处。

例 2　60 亩地，计划若干天完成播种。实际每天比原计划多种 3 亩，因此提前一天完成任务。问：实际播种了几天？

设实际播种了 x 天，接下来，好多学生会在 $\frac{1}{x}$ 和 $\frac{1}{x+3}$ 两者到底谁减去谁的问题上犹豫或犯错误。如果你记住了在正数范围内，同分子的情况下，分母大的分数小，分母小的分数大，你立马就知道应该有如下方程：$\frac{1}{x}-\frac{1}{x+3}=3$。

“胸中有数”看似把严密的数学知识“模糊化”了，但这恰恰培养了大家的逻辑判断能力。这不但是一种有效的解题能力，在实际生活和工作中也是十分有用的能力。

06 胸中有表

阿凡提手里拿着两枚硬币，对猪八戒说："来来来，咱们看看谁运气好啊！"

猪八戒心想，试试就试试，于是就问："怎么玩啊？"

阿凡提说："我们各自掷两枚硬币，总共有三种情况：两枚都是正面，两枚都是反面，一正一反。如果出现两枚正面，算你赢；如果出现一正一反，算我赢。怎么样？"

猪八戒心想，各种情况出现的概率都是$\frac{1}{3}$，挺公平！于是猪八戒和阿凡提开始玩起来。哪里知道，玩了一会儿，猪八戒发现自己输得很惨。这其实是阿凡提的骗局。

这是一个概率问题，我们当然可以用图来帮忙——但我们先把猪八戒的疑惑放一放。前面讲了图和例在数学学习中的作用，除了图和例之外，表格的作用其实也很大，因此我们还要"胸中有表"。

逻辑划分

首先介绍一下"树图"。

概念的外延是指包含了哪些事物，明确外延的最好方法是进行划分（参见第 13 章"划分"）。譬如，数可以分成实数和虚数，虚数又可以分成纯虚数和混虚数。有时为了方便，可以把树图当成表来讨论，于是，我们列表表示它们之间的关系（表 6.1）。

表 6.1

b	***a***	
	$a=0$	$a\neq0$
$b=0$	0	实数
$b\neq0$	纯虚数	混虚数

但是，考虑到实数又能分成有理数和无理数，有理数又分成整数和分数，列表就比较困难了，这时画成树图更好些（图 6.1）。

实数 $(b=0)$
有理数
整数
分数
无理数
虚数 $(b\neq0)$
纯虚数 $(a=0)$
混虚数 $(a\neq0)$

图 6.1

树图有两种：一种如上例中，树的分支之间是不重复、不遗漏的，符合逻辑学里的划分要求，叫逻辑划分。但也有图 6.2 这样的树图。

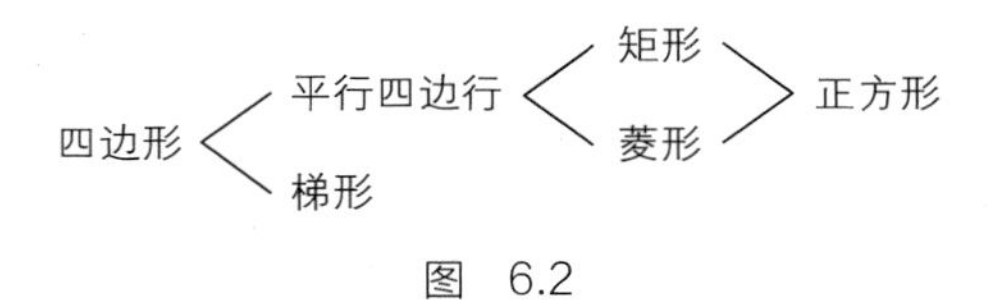

图 6.2

需要指出，这张图不再是概念的划分，因为它有遗漏（除平行四边形和梯形之外，还有其他四边形），也有重复（矩形和菱形是有重复的）。这是非逻辑划分。

非逻辑划分的树图也有用，如果一定要按逻辑划分处理，图 6.2 这种树图就会变得很复杂，譬如四边形要划分成“平行四边形”“梯形”及“其他四边形”，反而让人感到别扭。只是，我们的头脑里要清楚逻辑划分和非逻辑划分这两种树图的区别。

概率问题里运用树图比较多。我们看几个例子。

例 1　掷两枚硬币，有三种可能：一正一反，两正，两反。因此各种可能的概率都是 $\frac{1}{3}$，对吗？

这就是本章开头猪八戒遇到的问题。要弄清阿凡提的游戏的欺骗性究竟在哪里，最佳方法就是画树图，如图 6.3 所示。

第一枚	第二枚	对应的基本事件
正	正	（正，正）
	反	（正，反）
反	正	（反，正）
	反	（反，反）

图　6.3

可以看出，这个游戏共有 4 个等可能的基本事件：正正，正反，反正，反反。它们的概率各是 $\frac{1}{4}$。“一正一反”这种情况其实占了两个基本事件，因此它的概率是 $\frac{1}{2}$。而阿凡提的骗局就是故意把整个问题看成 3 个事件：两正，两反，一正一反。那么可不可以这样看呢？其实也可以，但是，这样的 3 个事件就不是“等可能”事件了。猪八戒就是因为这一点上当了。

概率树图是研究等可能事件概率的重要工具，它是逻辑划分。

懂不懂、会不会逻辑划分，可以说是人的思维的一个关键差别。非常遗憾，现在有些产品的说明书和工具操作规则，都写得乱糟糟的；有些人制定的工作规则，常常条理不清；有些人发言东拉西扯……这都和不懂逻辑划分有关。如果不懂得分析问题时要不重复，不遗漏，可以说，这个人的脑子就是不清楚的。因此，我们必须从青少年时代起，就牢牢地树立起逻辑划分的观念。

理清数量关系

有人认为，列方程解应用题的关键是找到等量关系。我一直认为这样的提法不妥。列方程解应用题的关键其实是理清数量关系。这时候，列表法是非常好的。而且，我建议大家一边读题，一边填表，表填完了，数量关系也就清楚了，然后再找下一个关系（往往是还没有用到的关系），最后列出方程。

例 2　某公园成人票、学生票分别为 60 元和 30 元，一天，该公园卖出 3 万张票，收入 150 万元，问：这天两种票各卖出多少张？

先整理数据（包括已知数和未知数），可以使用列表法。

第一步，列出表格的框架。这需要对此类问题的结构有比较深刻的认识。这个框架可以设计为表 6.2。

表　6.2

	单价（元）	张数（万）	总价（万元）
成人票			
学生票			
合计			

表中每行里的 3 个数是乘法关系：单价 × 张数 = 总价。而每一列中的数是加法关系。

第二步，在表中填入已知数（表 6.3）。

表 6.3

	单价（元）	张数（万）	总价（万元）
成人票	60		
学生票	30		
合计		3	150

第三步，在空格中选择合适的格子，将其中的数设为 x, y，并利用“横乘竖加”的关系将其他空格用 x, y 的式子表示出来（表 6.4）。

表 6.4

	单价（元）	张数（万）	总价（万元）
成人票	60	x	$60x$
学生票	30	y	$30y$
合计		3	150

数据整理已经完成。

第四步，再利用题目中尚未用到的条件来列方程。显然有

$$\begin{cases} x+y=3 \\ 60x+30y=150 \end{cases}$$

一次方程的应用题大多是“三要素”问题，即：每份数、份数、总数。于是总有

每份数 × 份数 = 总数

这是一次方程应用题的灵魂，所以我强调用“三要素”的视角去整理数据。表格的横表头是“三要素”，即每份数、份数、总

数。它们在各种具体问题中有不同的含义（表 6.5）。

表 6.5

	每份数	份数	总数
商品问题	单价（元 / 件）	件数	总价（元）
生产问题	单位时间的产量（件 / 天）	时间（天）	总产量（件）
行程问题	速度（米 / 时）	时间（小时）	路程（米）
工程问题	工作效率（整个工程的几分之几 / 时）	时间（小时）	工作量（整个工程的几分之几）

对于工程问题，也有人喜欢列成 4 列：单独做完成整个工程的小时数、工作效率（整个工程的几分之几 / 时）、时间（小时）、工作量（整个工程的几分之几）。如表 6.6 所示，多了一列“单独做，完成任务所需的时间”也是可以的，但最重要的是后 3 列。

表 6.6

		每份数	份数	总数
工程问题	单独做，完成任务所需的时间	工作效率（整个工程的几分之几 / 时）	时间（小时）	工作量（整个工程的几分之几）

浓度问题、利率问题和涉及分数的问题，也有其特殊性。特殊之处主要在于，在行程问题等问题中，“份数”的提法合乎常理，一般是大于 1 的数，但在涉及分数的问题和浓度问题中，这个“份数”可以是二分之一、50%……往往是一个小于 1 的数。这时，“份数”实际上是整体的“几分之几”，也就是说，实际上是把“份数”的意义扩大了。于是原先的“每份数 × 份数 = 总数”，变成了“整体 × 几分之几 = 部分”。利率问题也是如此，“整体”相当于本金，“几分之几”相当于利率，“部分”相当于利息，即

有表 6.7。

表 6.7

	整体	几分之几	部分
浓度问题	溶液	浓度	溶质
利率问题	本金	利率	利息

有些人喜欢把一元一次方程应用题分成行程问题、工程问题等进行分类讨论，其实这种纯粹地按具体事项进行分类的方法，多少有点儿形式主义。抓住“三要素”，可以突出本质，突出共性，也兼顾了各类应用题的特殊性。在“三要素”的基础上运用列表法，既突出问题本质，过程又明明白白。

理清知识体系

在“试卷教学法”的影响下，学生脑子里总是一道道题目，乱糟糟的。其实，这种碎片化的学习方法是不适合基础教育的。我们一定要把知识结构整理清楚。譬如图 6.4 就是一幅知识体系的复习树图。

在中小学里，数学是一门特殊的、令不少学生望而生畏的课程。我研究过数学之难，主要有三种情形：想不通，想不到，理不清。想不通，是因为数学太抽象；想不到，是因为数学太灵活；理不清，是因为数学内容比较庞杂，题目的数据比较复杂。我的这个观点是大白话，没有什么高深的理论，但确实是多年教育生涯的体会，算是经验之谈吧。

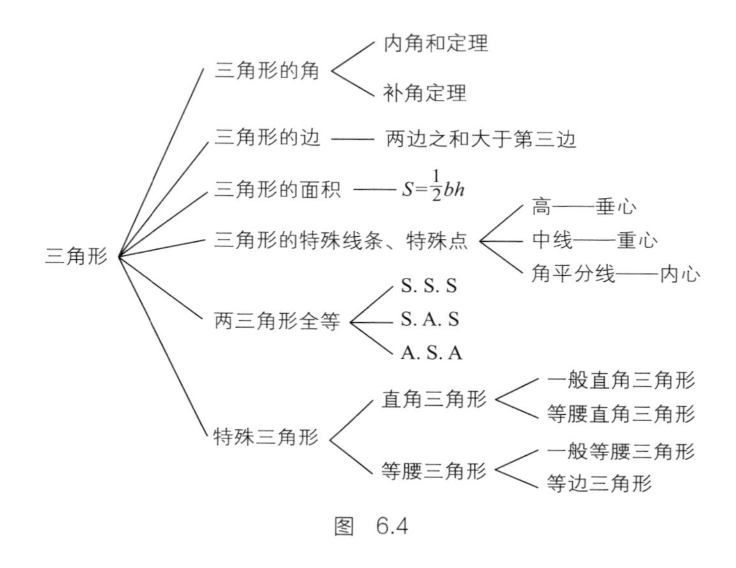

图 6.4

“胸中有图”是从形象的角度帮助我们认识抽象的数学，“胸中有例”“胸中有数”让我们用具体的例子来领会数学抽象、严密的思维方式，“胸中有表”则是破解数学庞杂的内容和复杂的数据。这些都是好方法。

07　举三反一

上海老一辈的数学教育家、上海名校南洋模范中学校长赵宪初先生已过世多年，但他的有些话似乎还在我耳边，他说:“人们常说举一反三，其实，学生一开始是没有这个能力的，先要举三反一，才能举一反三。”此话听起来不大顺耳，其实是金玉良言。

北京的名师孙维刚曾是北京第二十二中学的数学教师，他当年搞实验班，班上 40 名学生 100% 考上“大本”，其中 22 人考上北大、清华，1 人得过国际奥数竞赛金牌，8 人获得过全国数学联赛一等奖。这样的业绩，至今无人能及。孙老师的学生这么优秀，是不是靠“刷题”刷出来的？不是。孙老师主张:“题不在多，但求精彩。”他还提出:“一题多解，多解归一，多题归一。”

赵老和孙老师所说的“一”，应该就是指“规律”。譬如下面这道例题，其解题方法很巧妙。

例 1　设 $abc=1$，求 $\dfrac{a}{ab+a+1}+\dfrac{b}{bc+b+1}+\dfrac{c}{ca+c+1}$ 的值。

解法一:

$$\because\ 1=abc$$

$$\therefore \frac{a}{ab+a+1}=\frac{a}{ab+a+abc}=\frac{1}{bc+b+1}$$

$$\text{又}\because \frac{c}{ca+c+1}=\frac{cb}{(ca+c+1)b}=\frac{bc}{bca+bc+b}=\frac{bc}{bc+b+1}$$

$$\therefore \text{原式} = \frac{1}{bc+b+1}+\frac{b}{bc+b+1}+\frac{bc}{bc+b+1}=\frac{bc+b+1}{bc+b+1}=1$$

这个解法堪称“1 的妙用”：先是将 1 用 abc 替代，后来又将 abc 用 1 替代。“1 的妙用”确实足以让人感慨：数学真奇妙啊！这个“妙”也许会让很多同学爱上数学，但也可能让人，特别是基础较差的同学，感到数学真是难以捉摸。因此，对大多数学生来说，有一个要求：掌握这类题目的解题规律。

这个解法看来很妙，但本质上是消 a：最后将所求的式子转化为只含 b 和 c 的式子，其实就是消去 a。

解法二： 从 $abc=1$，得 $a=\frac{1}{bc}$，代入所求式子，化简成

$$\begin{aligned}&\frac{1}{bc+b+1}+\frac{b}{bc+b+1}+\frac{bc}{bc+b+1}\\&=\frac{\frac{1}{bc}}{\frac{1}{c}+\frac{1}{bc}+1}+\frac{b}{bc+b+1}+\frac{c}{\frac{1}{b}+c+1}\\&=\frac{1}{bc+b+1}+\frac{b}{bc+b+1}+\frac{bc}{bc+b+1}\\&=\frac{bc+b+1}{bc+b+1}=1\end{aligned}$$

利用代入消元法，做法不花哨，也更容易理解每一步在做什么，变得有章可循。将多种解法分析比较，总结出一些规律来，这就是“多解归一”。

例 2　已知 $x:y=2:3$，求 $\frac{x}{x+y}+\frac{y}{x-y}-\frac{y^2}{x^2-y^2}$。

解法一：

$$
\begin{aligned}
&\frac{x}{x+y}+\frac{y}{x-y}-\frac{y^2}{x^2-y^2}\\
&=\frac{\frac{x}{y}}{\frac{x}{y}+1}+\frac{1}{\frac{x}{y}-1}-\frac{1}{(\frac{x}{y})^2-1}\\
&=\frac{\frac{2}{3}}{\frac{2}{3}+1}+\frac{1}{\frac{2}{3}-1}-\frac{1}{\frac{4}{9}-1}\\
&=\frac{2}{5}-3+\frac{9}{5}\\
&=-\frac{4}{5}
\end{aligned}
$$

解法二： $x=\frac{2y}{3}$，代入原式

$$
\begin{aligned}
&\frac{x}{x+y}+\frac{y}{x-y}-\frac{y^2}{x^2-y^2}\\
&=\frac{\frac{2}{3}y}{\frac{2}{3}y+y}+\frac{y}{\frac{2}{3}y-y}-\frac{y^2}{\frac{4}{9}y^2-y}\\
&=-\frac{4}{5}
\end{aligned}
$$

本题还有其他一些解法，我不赘述了。这就是一题多解，解法一可以说是整体代入（把 $\frac{x}{y}$ 当作一个整体），解法二是代入消元法。

如果进一步思考，这类题有什么共性呢？这样的思考就更深入了，我们可以借此认识这类题的本质特征。

首先，这不同于求代数式的值。求代数式的值的时候，是给出一个代数式，告诉你其中的变元 x 等于几，此时将该数值代入代

数式，就可得出代数式的值。现在，条件不再是某个变元 x 等于几了，而是已知一个含有变元（譬如两个变元 x, y）的等式，求含有同样变元 x, y 的代数式的值。（为了方便，下文中如果没有特别指出，题目都是二元的。）这类题是**条件求值题**。其次，我们要研究条件求值题怎么解。我们当然会想到：条件求值题能不能向普通求值题转化，也就是说，能不能由条件式得出变元 x, y 的值？如果可以求得，只要代入就行了啊。

例 3　已知 $x^2+y^2-4x+4=0$，求 $xy+2x-y-2$ 的值。

为了方便，我们把 $x^2+y^2-4x+4=0$ 叫作条件式，把 $xy+2x-y-2$ 叫作目标式。条件式是二元的，而且只有一个式子，通常是不能求出 x, y 的值的，但是这个条件式有特殊性，由已知条件可得：

$$x^2+(y-2)^2=0$$

于是有 $x=0, y=2$。这样，这个条件求值题就转化为普通求值题了，代入目标式内即可得目标式的值。

如果不能转化为普通求值题，那么要另想办法了。我们可能会想到消元法，将条件式的一个变元用另一个变元来表示，然后代入目标式。这时会发生什么？在正常情况下，目标式也变成一元的了。注意，目标式仅仅是变成一元，比如说目标式等于 $3x-2$ 了，但并不等于某个数值——可我们是在求值啊。

想到这一层，条件求值这类题的本质马上就要揭晓了。原来，条件求值题和普通求值题有一个重要差别，那就是普通求值题都是可解的，但条件求值题不都是有解的。譬如，已知 $x-y=1$，却不可能求出 $x+2y$ 的值，因为消元结果等于 $3x-2$，没办法变成一个数值。因此，从本质上说，能够解的条件求值题都是特殊情形，消元代入目标式后，变元都得统统被消除，才能得到一个数值，否则……就是题目出错了。

也就是说，**能够解的条件求值题都是定值问题**：不论 x, y 怎么变化，只要满足条件，目标式一定等于某个值。这是这类题的本质。（一般同学的认知可能达不到这个高度。我们后面还会进一步分析，条件求值题从逻辑结构上说，都是一致性命题。）既然是定值问题，我们就可以用特殊值法，代入两个符合条件的数，目标式的值一定是相同的。如例 2，如果将符合条件的 $x=2, y=3$ 或 $x=4, y=6$ 代入目标式，目标式都等于 $-\frac{4}{5}$。例 2 实际上就这么轻松地解决了。

我在一次讲座中揭示了这个“秘密”，有的人听了很兴奋，说：“以后咱就用这种代入的办法来解这类题吧！”但是按目前的正式解题要求来说，这种方法是不容许的，但遇到这类填空题或选择题，倒是完全可以这样“取巧”。如此一来，应该说就做到了多题归一。

本章一开始介绍的赵宪初和孙维刚老师的观点很精彩。但还有一位老师的观点更让人震惊。张景中院士说：“练武功的上乘境界是‘无招胜有招’，但武功仍要从一招一式入门。解题也是如此。”张院士还说：“这种‘无招胜有招’的境界，就是‘大巧’吧！但是小巧果然不足取，大巧也确实太难，对于大多数学子，还要重视有章可循的招式。”他又说：“大巧法无定法，小巧一题一法。中巧呢，则希望用一个方法解出一类题目。也就是说，把数学问题分门别类，一类一类地寻求可以机械执行的方法，即算法。”张院士在为拙作《数学习题教学研究》所写的序中说：“恐怕这种‘大巧’

还是要靠个人领悟，难以言传；但如果不讲方法，搞题海战术，一题一法这种‘小巧’也不可取。对于数学教学而言，还是要讲求循序渐进，学习有章可循的解题通法。”我们把张院士的这个观点称为“中巧说”。这是张院士提出的教育数学的一个组成部分，有着重要的理论意义和实用价值。张院士是数学家、计算机科学家，他年轻时是北京大学数学力学系的“学霸”，后来当过中学老师。他的这些话，既体现了科学家的智慧，也凝聚了教师的经验；既高瞻远瞩，又实事求是。

我学习了这个观点之后，顿觉醍醐灌顶。我和一些青年教师在此基础上，提出了两个落实“中巧”观点的可操作的具体方法：一个是解题模块，另一个是命题联想系统（在“想不到”一章里已有阐述）。解题模块就是对某一类题进行“算法化”总结，而且尽量用一张图、一张表、一组题、几句话简洁地表达出来，并特别强调每个步骤背后的思想、本质。譬如上面提到的条件求值题的解题模块可以总结为图 7.1。

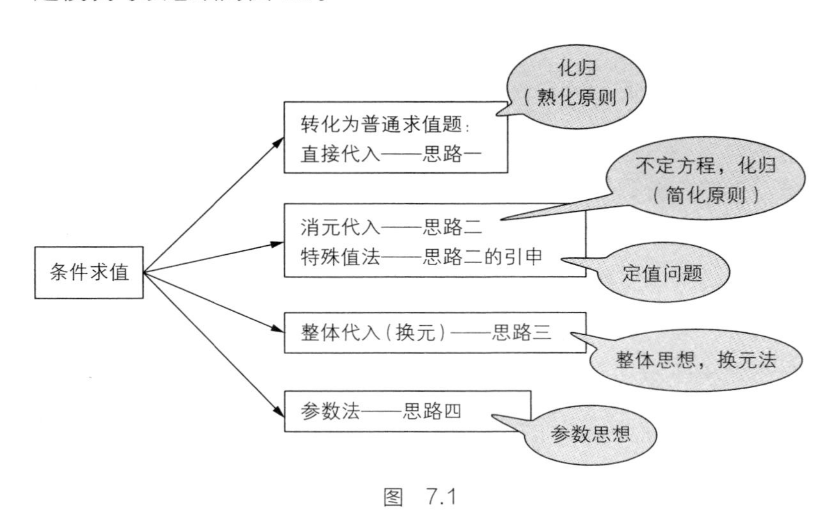

图 7.1

第 04 章提到了“二限”的排列题，我在这里简略地谈一下其解题模块。这是用一组题表示出来的。

- **第一型：无关型**

例 4　在 6000 和 9000 之间，有多少个没有重复数字的 5 的倍数？

这道题我们之前用“胸中有图”的方法解答过，根据题设，千位与个位是有限制的，但限制条件互不相关。

- **第二型：影响型**

例 5　从 A, B, C, D, E, F, G 七位歌唱家中选四人表演独唱，大家各出场一次，A, B 不能排第一个节目，A, B, C, D 不能排第四个节目，有几种排法？

从条件可知，第一个节目可排 C, D, E, F, G，第四个节目可排 E, F, G。然后再看：

第一步，必须先排第四个节目。第二步，排第一个节目。注意第一个节目的排法不是 5 种而是 4 种，因为当第一步中排某人（如 E）演第四个节目时，此人便不能在第一个节目中出场，也就是说，第二步的排法受第一步的影响。第三步，排第二和第三个节目。所以，节目排法有 $3\times4\times A_5^2$ 种（图 7.2）。

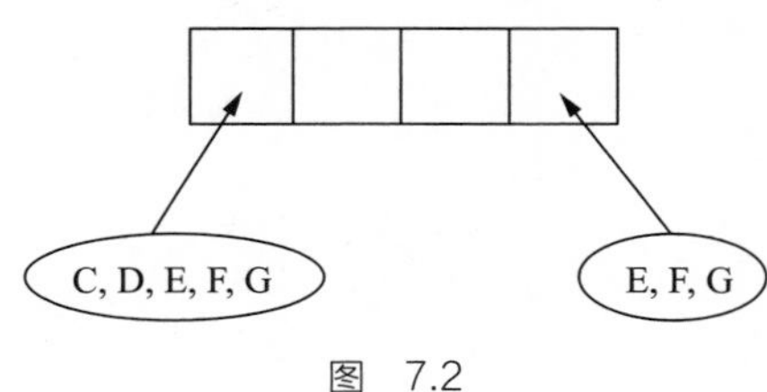

图 7.2

- **第三型：混合型**

例 6　在 3000 和 8000 之间，有多少没有重复数字的奇数？

千位与末位有限制，允许排在千位的是 3, 4, 5, 6, 7，允许排在末位的是 1, 3, 5, 7, 9。这两个集合是部分交叉的，这是混合型的特征。我们把这道排列题分成两道小题目：一道题是无关型的，一道题是影响型的。譬如可以把符合条件的奇数分成千位是 4 和 6 的奇数，以及千位是 3, 5, 7 的奇数两类，分别进行计算。

大家认真学习、体会了赵宪初老师的“举三反一”、孙维刚老师的“多解归一”和张景中院士的“中巧说”，你觉得还用得着大搞“题海战术”吗？

08　停留性错误

给出下列数式：

$$1-1+1-1+1-1+\cdots \tag{1}$$

请问它等于几？

解法一：

$$\begin{aligned}&1-1+1-1+1-1+\cdots\\&=(1-1)+(1-1)+(1-1)+\cdots\\&=0+0+0+\cdots\\&=0\end{aligned}$$

解法二：

$$\begin{aligned}&1-1+1-1+1-1+\cdots\\&=1-(1-1)-(1-1)-(1-1)-\cdots\\&=1-0-0-0-\cdots\\&=1\end{aligned}$$

两种解法结果不同，那么究竟该等于几呢？这两种解法粗看起来都有道理，实际上……都错了。在 18 世纪的数学界，包括大数学家欧拉等人都在这道题上犯了错误。那么，错在哪里？

在数学里，有些名称在不同的场合、不同的阶段有不同的含意。譬如，“幂”这个名称开始是指“相同因数的乘积”（正整数指数幂），即

$$a^n = \overbrace{a \times a \times a \times \cdots \times a}^{n个}（n是正整数）$$

后来，指数 n 可以是负整数、零，甚至是分数了。这时候幂 a^n 的意义就不是相同因数的乘积了：

$$a^n = 1（n=0）$$

$$a^{-2} = \frac{1}{a^2}（n是负整数，这里以 n=-2 为例）$$

$$a^{\frac{2}{3}} = \sqrt[3]{a^2}（n是正分数，这里以 n=\frac{2}{3} 为例）$$

注意，我们仍然用 a^n 这样的记号，还是用“幂”这样的名称，但是含义变了：当 n 是负整数时，幂是分式；当 n 是分数时，幂是根式。

在平面几何里，“角”的意义是“由一点出发的两条射线构成的图形”，角的范围是 0° 到 360°。到了三角学里，“角”是用旋转的方式定义的，范围扩大了，成了任意角。到了立体几何里，又有了二面角这样的概念。

同样是“切线”这个名称，在平面几何里，圆的切线指“与圆周只有一个公共点的直线”，在解析几何里却是“割线的极限位置”。

实数的绝对值符号，如 $|-2|=2$，到了复数领域却代表着复数的模，于是有些同学错误地认为 $|-\mathrm{i}|=\mathrm{i}$。

“和”这个概念原来是“两个数加法运算的结果”，后来代数式也有和，向量也有和，特别是无限项也有和……

这些现象叫作概念的扩张。概念扩张后，同样的称呼、同样的记号，其意义却不同了。这是数学里常有的现象，我们必须“与时俱进”，更新头脑里原有的理解。可惜，有不少同学常常跟不上步伐，看到某个概念或记号，头脑里还以为是原来的意义，也就是说，脑子还是停留在原有状态。我把这种现象，以及由此所犯的错误称为“停留性错误”。

前面说到，学习幂的概念时容易出现停留性错误，这时的表现主要是“看不懂”：看到 a^{-2}、$a^{\frac{2}{3}}$ 这样的符号就发呆，不知道这是什么东西。也有的同学开始乱做，如把 a^{-2} 当作 $-a^2$。

在学习复数时，经常出现停留性错误。首先，实数有大小之分，但复数没有大小，于是有人往往错误地认为 $2i<3i$。其次，如果复数 $z=a+bi$，那么复数的模 $|z|=\sqrt{a^2+b^2}$ 。这个符号和实数的绝对值符号是一样的，于是，有同学就错误地认为 $|i|=i$ ，其实它等于 1。

学习数列时也常出现停留性错误。本章一开始谈到的数式 (1) 看起来是在求和，其实这是求无限项的和，这个“和”与小学所学的加法的“和”，尽管用了一样的名称、一样的符号，意义却天差地别。小学阶段的“和”的意义是“加法运算的结果”，而这里是无限项相加——你加得完吗？加不完的。因此，如果你还是用小学阶段“和”的意义来理解，就犯了停留性错误了。无限项的和实际上是一个极限 $\lim\limits_{n\to\infty} S_n$ 。如果数列

$$a_1, a_2, a_3, \cdots, a_n, \cdots \tag{2}$$

的前 n 项的和记作

$$S_n=a_1+a_2+a_3+\cdots+a_n$$

如果它的极限 $\lim\limits_{n\to\infty}S_n$ 存在（记作 S），那么就说 S 是这个无穷数列 (2) 的和。而本章开头的那个数式 (1) 的前 n 项的和是不存在极限的：

$$
\begin{aligned}
&S_1=1,\\
&S_2=1-1=0,\\
&S_3=1-1+1=1,\\
&S_4=1-1+1-1=0,\\
&\cdots\cdots
\end{aligned}
$$

而 S_n 是这样一个数列：

$$1, 0, 1, 0, \cdots$$

它趋向于什么呢？一会儿 1，一会儿 0，它不趋向于任何数，因此前 n 项的和所组成的新数列 S_n 不存在极限。所以，解法一和解法二都是错误的。究其原因，它们都犯了停留性错误：把“无限和”当作原先意义上的加法的“和”了。

循环小数也是停留性错误的重灾区。

例 1　下列判断中正确的是 (　　)。

(A) $0.\dot{9}=1$　　(B) $0.\dot{9}<1$　　(C) $0.\dot{9}\approx 1$　　(D) $0.\dot{9}>1$

这是出错率很高的一类问题，选 B 和 C 的大有人在，其实正确答案是 A。很多人想不通，$0.\dot{9}$ 怎么会等于 1 呢？我们首先要说明的是，这两个记号：0.9999... 和 $0.\overbrace{99...9}^{n个}$ 是不同的。前者的省略号在尾部，说明其尾部有无限多个 9，我们无法将省略号代替的数字一一写出来，因此它是一个无限小数。而后者的省略号在中间，$0.\overbrace{99...9}^{n个}$

包含很多个 9，如 10 个 9、100 个 9，甚至是 n 个 9，但它仍然是一个有限小数，只是 9 的个数太多了，所以我们用省略号来表达。也就是说，$0.\overbrace{99...9}^{n个}$ 的省略号是为了方便而省略的，而 0.9999... 是因为数字真的写不完，所以只能用省略号表达。

因此，说 $0.\overbrace{99...9}^{n个}<1$ 是正确的，说 $0.\overbrace{99...9}^{n个}\approx 1$ 也对。但是，说 $0.9999...<1$ 或 $0.9999...\approx 1$，就不对了。为什么呢？因为

$$0.\dot{9}=0.9999...=0.9+0.09+0.009+\cdots$$

这是一个无穷数列的“和”，它不再是小学算术里的“和”，而是极限了！

随着认识世界的脚步不断向前，人们有时必须引入一些新概念。由于这些新概念与某些旧概念有这样或那样的联系，因此在给新概念定名称、定记号时，人们就借用了旧概念的名称和记号。在语言学里，这叫“假借”。这就使同一名称、同一记号在不同的场合、不同的阶段有了不同的含义。这一下，语言学上是方便、简单化了，可苦了学习者。人们常常会新、旧混淆，惹出不少麻烦来。

停留性错误的影响很大，如不及时注意纠正，长此以往，你就会颠三倒四，偷换概念，思维缺乏严密性，影响今后进一步学习。在现今的数学学习中，造成停留性错误的原因是大家普遍对概念不够重视。另外，从心理学上说，这是因为先入为主的影响太大——凡事不能先入为主，要与时俱进，这对我们的工作和生活也都有意义。

09　眼见为真?

一位数学老师上几何课——那是几何的第一课，也就是绪论课。老师画了两个图形，如图 9.1，让学生指认线段哪条长，哪条短。

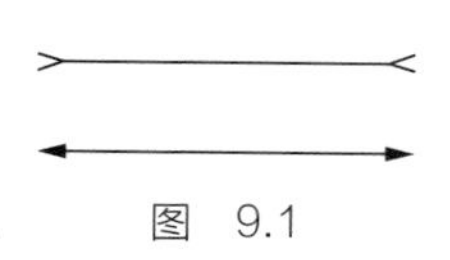

图　9.1

学生们大多认为上面的线段长，下面的短。其实它们是一样长的，因为线段两端加了点儿装饰，就让人产生了错觉。之后，老师讲:“同学们，不要轻信自己的眼睛!”老师的意图很明显，就是为了说明几何是很严谨的，除公理之外的所有结论必须经过证明。可就在这时，唰！一个同学提出异议:“老师的说法不对，实践才能出真知啊。”这话听着也没错，生活中确实有个成语叫“眼见为实(真)”。然而，学习几何有时就是不能利用“看到”的图形作为推理的依据。

直觉，有它的重要性，但在初学几何的时候，却常常给我们带来麻烦。这是因为在解几何题的时候，我们需要从已知条件出发，根据公理和定理，推导出结论。其实，我们的依据只有两个：一个是已知条件，一个是已经学过的公理和定理。在图里看来正确，且后来确实被证明正确的东西(我们姑且把它称为“图形信息”)是不能作为推理依据的。

例如，下面这样的情况在初学几何的同学中是比较多见的。

例 1　如图 9.2，点 O 是直线 AB 上的一点，OC、OD 是直线 AB 两旁的两条射线，且 $\angle AOC=\angle BOD$，如果 $\angle AOC=50^\circ$，求 $\angle COB+\angle BOD$ 的大小。

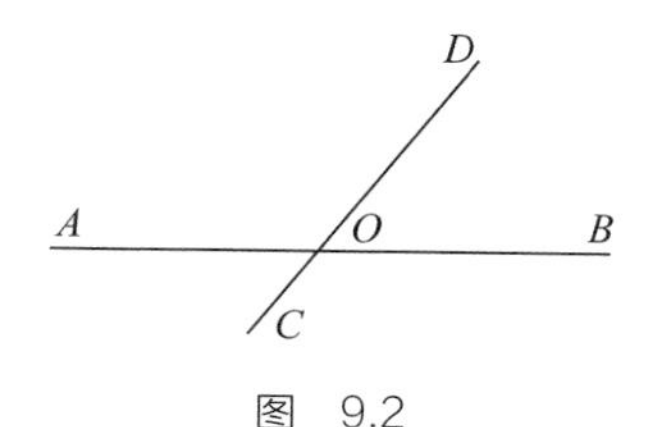

图　9.2

有些同学会说：因为$\angle AOC=50°$，所以$\angle BOD=50°$，两个对顶角相等。错了！根据题意，我们现在都还不知道点C、O、D在不在一条直线上，因此不能说$\angle AOC$和$\angle BOD$是对顶角。图中的两条射线OC和OD组成一条直线，确实是正确的，但不是已知的，所以在没有证明的情况下不可以直接就用，否则就是滥用了图形信息，造成了错误。这种错误在逻辑上叫作“预期理由”错误，指把真实性尚未得到证明的命题作为理由。

例 2 （平行四边形的判定定理）已知四边形 $ABCD$ 中，$\angle A=\angle C$ 且 $\angle B=\angle D$，则四边形 $ABCD$ 是平行四边形。

于是有同学做了如下的证明（图 9.3）。

因为$BD=BD$，$AD=BC$，$AB=CD$，所以$\triangle ABD \cong \triangle BDC$（S.S.S），所以$\angle 1=\angle 2$，于是$AD//BC$，同理可证，$AB//CD$，所以四边形$ABCD$是平行四边形。

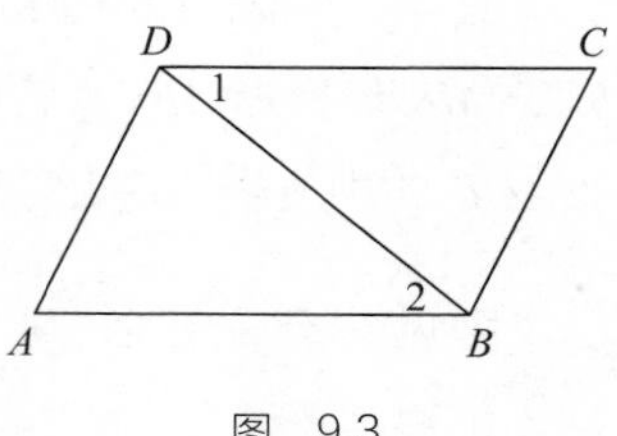

图 9.3

你要是问这位同学：“为什么$AD=BC$，$AB=CD$？”他或许会振振有词地说：“因为四边形$ABCD$是平行四边形呀，所以对边相等嘛。”

我们的题目要求就是证明四边形$ABCD$是平行四边形，怎么能说它已经是平行四边形了呢？这“证明”之所以错，就在于这位同学在无意之中默认了“四边形$ABCD$是平行四边形”，这当然是图形信息造成的。

例 3　在梯形 $ABCD$ 中，$AB=12$，$CD=8$，E, F 分别是 AC, BD 的中点，求 EF 的长。

有位同学是这么解的：延长 EF, FE，和 BC, AD 分别交于 K 和 M，因为 MK 是梯形 $ABCD$ 的中位线，所以 $MK=(12+8)\times\frac{1}{2}=10$（图 9.4）。又因为 FK 是 $\triangle BCD$ 的中位线，ME 是 $\triangle ACD$ 的中位线，所以，$FK=ME=\frac{1}{2}CD=4$，于是

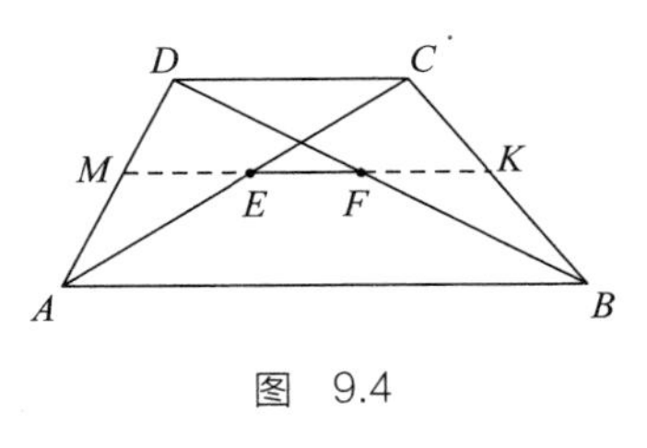

图　9.4

$$EF=10-4-4=2。$$

其实，你怎么知道 K 和 M 分别是 BC 和 AD 的中点？你怎么知道 MK 是梯形 $ABCD$ 的中位线，FK 是 $\triangle BCD$ 的中位线，ME 是 $\triangle ACD$ 的中位线？这又是滥用了图形信息！

眼见并不一定为“真”。“真”不“真”，必须有逻辑地证明，而不能靠“看出”。有同学不以为然，认为只是“一不小心”看错了，好像粗心是可以原谅的。其实，正因为是“一不小心”看错的，才说明这是根深蒂固的观念。

怎么克服这类错误？除了在遇到这类情况时经常指出错误之处并纠正之外，笔者早年使用过的“残缺图形”和“不正确图形”的方法是非常有效的。为了让自己不受或少受直觉的干扰，我们可以把图 9.2 改画成图 9.5（残缺图形）或图 9.6（故意错位图形），于是，图 9.5 里的残缺部分和图 9.6 里故意错位的线条，就可以让我们警惕：目前还不知道点 C、O、D 是不是在同一直线上。

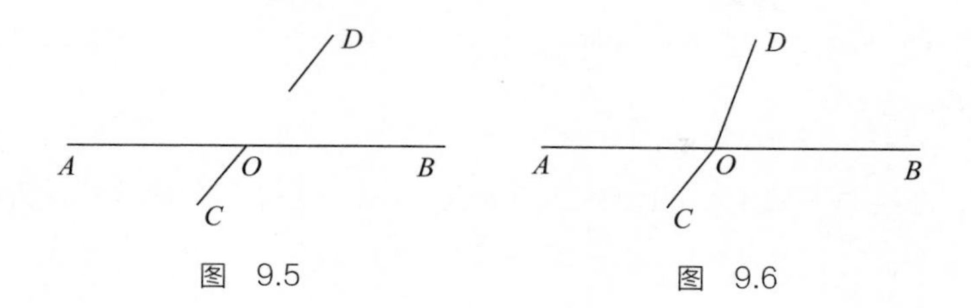

图 9.5　　　　图 9.6

对于例 2 来说，如果把图形故意画成不正确的图 9.7，直觉干扰可能会少些。

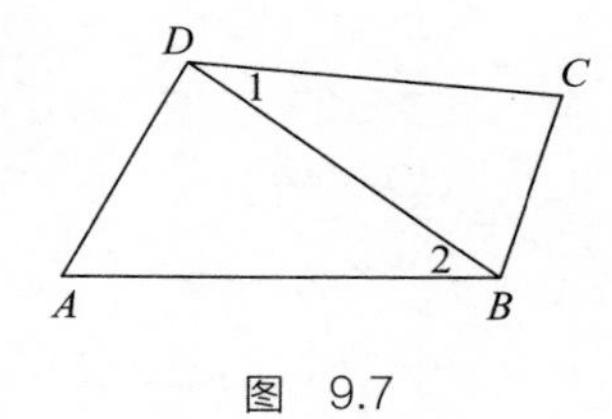

图 9.7

例 3 的下面这个证法是正确的。

过 C 作 BD 的平行线，和 AB 的延长线交于 G。可知 $CDBG$ 是平行四边形。取 CG 的中点 H，连接 FH（图 9.8）。注意：目前不知道 E, F, H 在一条直线上，所以用了一条虚线表示 FH，并故意和 EF 岔开。这里用的是不准确图形。

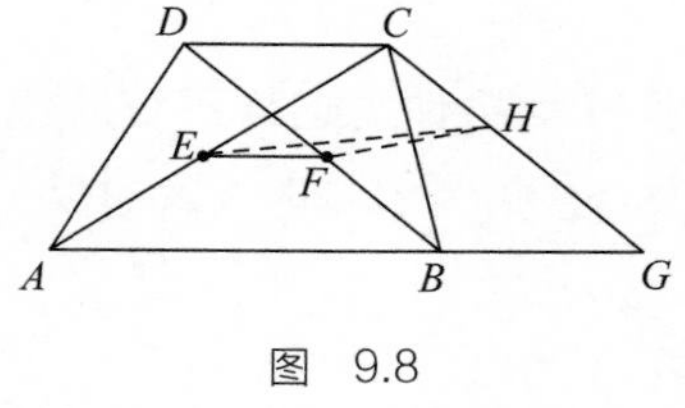

图 9.8

接下去，证明 $CDFH$ 是平行四边形，于是 $FH // CD // AG$。再连接 EH（仍用虚线表示，并且此处故意画得和 EF 不重合）。显然，$EH // AG$。

由于 EH, FH 都是 AG 过 H 点的平行线，因此 E, F, H 共线。到这里，我们才知道画的两条虚线其实是重合的。因此不难知道，$EF=EH-FH=10-8=2$。

看到图里的三角形有点儿像等腰三角形，就认为这是等腰三角形了；看到角内部有条射线，就认为这是角平分线；看到同位角就认为两个角是相等的……这都是“想当然”的错误，也是直觉引起的麻烦。

在经过一段时间的训练之后，我们可以不画残缺图形或故意错位图形。

与这个问题相关的还有一个“同线异名”的问题：证明梯形中位线定理，即已知 $CD//AB$，E, F 分别是 AD 和 BC 的中点，求证 $EF=\dfrac{CD+AB}{2}$。

如果在证明时，这样写辅助线的作法：连接 BD，EF 和 BD 交于 G。如此一来，EF 仅是梯形两腰中点的连线，G 仅是 EF 和 BD 的交点，但 G 是不是 BD 的中点，尚不清楚。

如果你是这样写辅助线作法的：连接 BD，取 BD 的中点 G，连接 EG, FG，那么这时候，我们就不清楚 E, G, F 三点是不是共线了。

同样是这张图，同样画的线段 EGF（图 9.9，我们没有画残缺图形，也没有画故意错位图形），但在不同情况下的意义是不同的——这叫“同线异名”。接下去，在不同的意义下进行各自的证明。

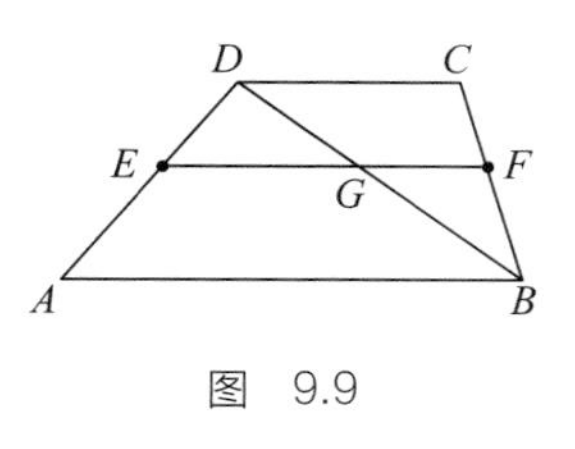

图 9.9

在初学几何时，“同线异名”是不容易弄清楚的问题，或是容易弄错的问题。譬如，等腰三角形的底边上的高、中线和顶角平分线三线合一，这也是同线异名问题。

清楚了吗？如果你还不清楚，可以试试本章提出的残缺图形、故意错位图形等方法，等到你对这类问题更明白了，巩固理解了，就可以不再使用这些方法。但是，这类问题中得出的教训大家必须懂得，那就是：不能凭图的信息“看”出或得出某些结论，必须经过论证。

10　观察

有一次，我和几位朋友等公交车。我们上车的车站有好多公交线路经过，公交车一辆辆地开来，朋友们张头望颈，只有我岿然不动。过了一会儿，我说："我们要乘的车来了。"我说对了。大家很惊讶地问我："你眼睛怎么这么好，老远就看清楚了？"我说："不是的。我们要乘的公交车是43路，我也没看清车号，但这43路车的每一辆车的大玻璃前，都贴着大红色的'优秀线路'的标记，十分醒目。我就盯着标记看。"大家都夸我观察能力强。其实在数学学习的过程中，观察能力也是很重要的。比如，有些同学对着几何图，就是找不出思路，毛病可能就出在没有观察到线段之间的关系，没有观察到题设和结论之间的关系……明明看着图形，却"视而不见"！

观察有好多种方法，也需要不少经验，在辨认公交车的例子中，我用的就是特征观察法——抓住一件事物有别于其他事物的特征。下面就介绍数学中的几种观察方法。

观察特征

例1　$5a^2+25a+9=0$，$9b^2+25b+5=0$，求 $\frac{a}{b}$。

分析：两个式子左边都是一个二次式，而且系数对称，这是本题的特征。

解：将 $9b^2+25b+5=0$ 两端除以 b^2，得

$$5\left(\frac{1}{b}\right)^2+25\left(\frac{1}{b}\right)+9=0$$

所以，a 和 $\frac{1}{b}$ 是二次方程 $5x^2+25x+9=0$ 的两个根。根据韦达定理可知，两根之积为 $\frac{a}{b}=\frac{9}{5}$。

例 2　证明：若 $(z-x)^2-4(x-y)(y-z)=0$，则 $x+z=2y$。

分析：我们发现，题设中的式子像二次方程的判别式（这是特征），因此，构造一个关于未知数 t 的新方程：

$$(x-y)t^2+(z-x)t+(y-z)=0$$

其判别式就是 $\Delta=(z-x)^2-4(x-y)(y-z)$。由题设可知，该方程应该有等根。

解：构造一个关于未知数 t 的方程

$$(x-y)t^2+(z-x)t+(y-z)=0$$

其判别式为 $\Delta=(z-x)^2-4(x-y)(y-z)$；由题设 $(z-x)^2-4(x-y)(y-z)=0$ 可知该方程应该有等根。显然，1 是一个根，于是，该方程的两个根是 $x_1=1, x_2=1$。

由韦达定理，两根之积

$$\frac{y-z}{x-y}=1$$

所以，$x+z=2y$。

观察结构

有时，需要观察事物的结构。

例 3　写出下列数列的一个可能的通项公式：

$$\frac{1\times2}{5\times7},\ \frac{3\times4}{6\times8},\ \frac{5\times6}{7\times9},\ \cdots$$

分析：每一项由四个部分构成，分子是两个因子的乘积，分母也是。我们可以找到每一部分的变化规律。

解：

- 分子的第一个因子是 1, 3, 5…，那么第 n 项可以是 $2n-1$；
- 分子的第二个因子是 2, 4, 6…，那么第 n 项可以是 $2n$；
- 分母的第一个因子是 5, 6, 7…，那么第 n 项可以是 $n+4$；
- 分母的第二个因子是 7, 8, 9…，那么第 n 项可以是 $n+6$。

于是通项可以是 $\dfrac{(2n-1)(2n)}{(n+4)(n+6)}$。

有序观察

很多同学对几何图形中的信息往往看不全，漏掉了一些重要信息，这时候，要学会有序观察。

例 4　如图 10.1，*AB*//*CD*，*AD*//*BC*//*EF*，指出相等的内错角。

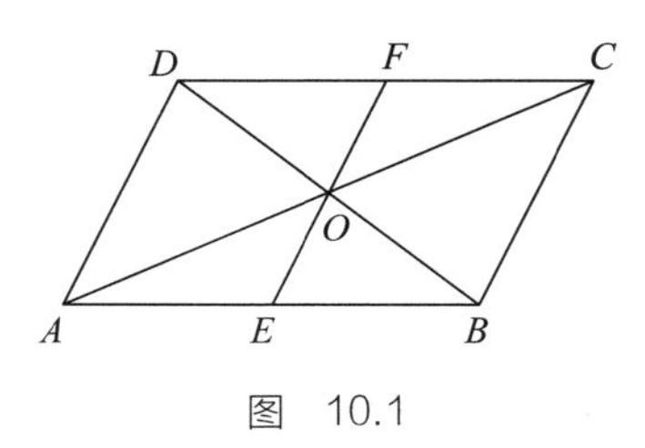

图　10.1

分析：图 10.1 中的线段较多，所以先确定观察顺序。

1. 先考虑 *AB*//*CD* 这两条线段。

(1) 被第三条线段 *BD* 所截，形成的内错角有 $\angle CDB$, $\angle ABD$；

(2) 被第三条线段 EF 所截，形成的内错角有 $\angle CFE$, $\angle AEF$，以及 $\angle DFE$, $\angle BEF$；

(3) 被第三条线段 AC 所截，形成的内错角有 $\angle DCA$, $\angle BAC$；

(4) 被线段 AD, BC 所截，没有形成内错角。

2. 再考虑 $AD//BC$……有序观察法可以保证不遗漏，不重复。

比较差异

特别要观察题设和结论之间的关系，特别要比较两者有什么相同点和不同点。罗增儒教授提出的差异分析法就是观察题设和结论之间的差异，然后由题设向结论靠拢，这样方向更明确。

例 5　证明： $\dfrac{\cos^2\theta}{\cot\dfrac{\theta}{2}-\tan\dfrac{\theta}{2}}=\dfrac{1}{4}\sin 2\theta$。

分析： 观察两边的差异（表 10.1）。

表　10.1

项目	左边	右边	解决方案
角	$\frac{\theta}{2}$, θ	2θ	倍（或半）角公式
函数	正切、余切、余弦	正弦	化为弦函数
运算	商、差	积	分母化积后再化简

为此，可以先考虑把左边的半角转化为单角，把正切、余切函数转化为正弦函数。因为分子部分已经是单角、余弦函数了，所以要对左边的分母部分进行转化。

解：有公式

$$\frac{1-\cos\theta}{\sin\theta}=\frac{\sin\theta}{1+\cos\theta}=\tan\frac{\theta}{2}$$

因而

$$\tan\frac{\theta}{2}=\frac{1-\cos\theta}{\sin\theta}$$
$$\cot\frac{\theta}{2}=\frac{1+\cos\theta}{\sin\theta}$$

代入左边，

$$\begin{aligned}
左&=\frac{\cos^2\theta}{\cot\frac{\theta}{2}-\tan\frac{\theta}{2}}\\
&=\frac{\cos^2\theta}{\frac{1+\cos\theta}{\sin\theta}-\frac{1-\cos\theta}{\sin\theta}}\\
&=\frac{\cos^2\theta}{\frac{2\cos\theta}{\sin\theta}}\\
&=\frac{1}{2}\sin\theta\cos\theta\\
&=\frac{1}{4}\sin 2\theta\\
&=右
\end{aligned}$$

排除干扰

一次，有位老师在教了外角定理之后，出了一道课堂练习题：如图 10.2，在△ABC 中，D 在 BC 上，$\angle DAB=\angle B$，$\angle ADC=80°$，求$\angle B$。

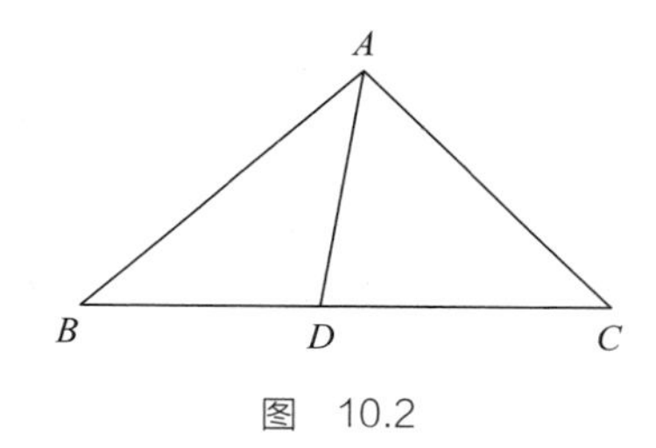

图 10.2

一开始，大家都先试着算出$\angle ADB$，再用内角和定理算出$\angle B$。竟然没有一位同学直接用外角定理做题。这是为什么呢？当然，大家对内角和定理的印象太深，可能是产生了负迁移（即前面所学的知识阻碍了后面的学习）的缘故。从另一个角度看，图里面多了一条线AC，如果擦掉AC，同学们肯定就直接用外角定理做了。这说明，观察图形要排除背景干扰，即多余线条的干扰。

我们的研究团队认为，几何图形的干扰有三种：除了上述的背景干扰，还有位置干扰和组合干扰。老师往往把图形画得很端正，这种图形叫标准图形。比如，直角三角形往往被画成一条直角边是水平的，那么另一条直角边自然成铅垂方向，或者，斜边被画成水平方向的。同学们在这样长期的“娇惯”训练之后，在遇到非标准图形时，往往就“找不到北”了。

如图 10.3，BD 是 AC 边上的高，于是形成了两个直角三角形。但是同学们往往只观察到标准图形 Rt$\triangle BDC$（Rt 是直角的意思），而对另一个非标准图形 Rt$\triangle ADB$ 视而不见。这就是位置干扰造成的。

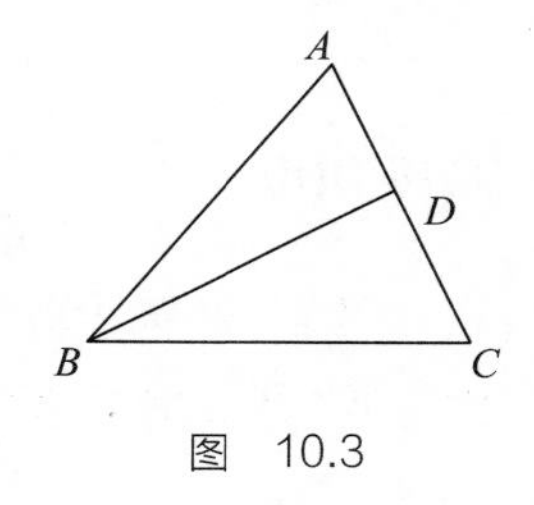

图 10.3

第三种干扰是组合干扰。如图 10.4，同学们往往能够看出$\triangle ABD$和$\triangle ACE$全等，但不一定能看出$\triangle ABE$和$\triangle ACD$也是全等的。为什么？因为$\triangle ABD$和$\triangle ACE$比较“单纯”，而$\triangle ABE$和$\triangle ACD$比较复杂，它们都是由两个三角形组合而成的“组合图形”。

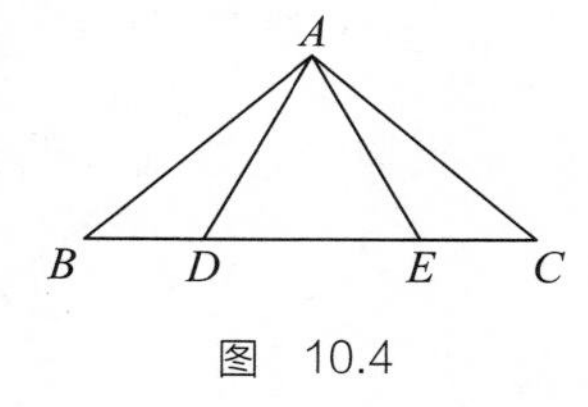

图 10.4

对于代数，也有这种情况。一道题的叙述很长，无用的数据也不少，这时候大家就要去干扰，抓住重要语句和重要数据。

“透视”本质

在数学问题中，本质问题有时被表面现象掩盖，这时候，我们就要想办法透过表面现象，看到它背后的东西、本质的东西。譬如看到 $-a$，不能因为有个负号，就认为这一定是负数。有时候，题目中有隐含条件，就要将它发掘出来。

例 6　设 x, y, z 为互不相等的实数，且 $x+\frac{1}{y}=y+\frac{1}{z}=z+\frac{1}{x}$，求证：$x^2y^2z^2=1$。

有人对“x, y, z 为互不相等的实数”视而不见，其实这隐含了 $x-y\neq0, y-z\neq0, z-x\neq0$。由此，可设法导出结论。

转换角度

例 7　m 属于 $[-1, 1]$，函数 $f(x)=x^2+(m-4)x+4-2m$ 的值恒大于 0，求 x 的取值范围。

分析：换个角度看，其实 $f(x)$ 也可以被看成 m 的函数。

解：$x^2+(m-4)x+4-2m=(x-2)m+x^2-4x+4$

可以把它看成 m 的函数，即

$$g(m)=(x-2)m+x^2-4x+4$$

它是 m 的一次函数，由题意，在 $[-1, 1]$ 上恒大于 0。

令 $m=-1$，则

$$(x-2)(-1)+x^2-4x+4>0$$

令 $m=1$，则

$$(x-2)\times 1+x^2-4x+4>0$$

解得 $x<1$ 或 $x>3$。

观察很重要。如果能观察到位，那就比较容易找到解题思路。有些现象是很难被观察到的，一旦观察到了，有时可能就是一项重大成就。科技史上，这样的例子很多。门捷列夫的功劳不是发现了某个元素，也不像屠呦呦发现了青蒿素，他不过是观察了已发现的元素，并觉察到它们之间好像有什么规律，最后根据规律绘制出了元素周期表。这看起来似乎不难啊，但为什么不是张三、不是李四，偏偏是门捷列夫看出了这些规律呢？因为他首先具有很强的观察能力（当然，他还有其他了不起的能力）。中国地理学家胡焕庸发现“黑河 - 腾冲一线”是我国人口密度的对比线，这条线被称为“胡焕庸线”，这也是观察得到的。数学教育家张奠宙教授说，科研有时就是发现了别人没发现的事情。所以，善于观察很重要。

11 确定性

我在求学时，平面几何课里有一种作图题。题目给你几个条件，要求作出符合要求的图形，然后你要证明自己所作的图符合要求。譬如下面这道题。

例 1　作梯形 $ABCD$，$AD//BC$，并使 $AD=2$, $AB=3$, $BC=5$, $CD=3.5$。

你如果一上来就作梯形的下底 BC，然后画腰 AB, CD，你会发现，A, D 两点的连线未必平行于 BC，并且也未必等于 2。问题出在哪儿啦？主要是角 B 的大小不知道，你画的 AB 方向不确定，当然点 A 的位置也确定不了。同理，点 D 的位置也不能确定。

分析：先画个草图。如果作 $DE//AB$，与 BC 交于 E。显然 $ABED$ 是平行四边形，于是 $DE=AB=3$, $BE=AD=2$。在$\triangle DEC$ 中，已知 $CD=3.5$, $DE=3$, $CE=BC-BE=3$，可见，$\triangle DEC$ 的三边都是确定并且可以求出的。所以我们可以先把$\triangle DEC$ 作出来。

解：(1) 作$\triangle DEC$，使 $CD=3.5$, $CE=3$, $DE=3$；

(2) 延长 CE 到 B，使 $BE=2$；

(3) 作 $BA//ED$, $DA//CB$，令 BA 和 DA 交于 A。

梯形 $ABCD$ 即为所求（图 11.1）。

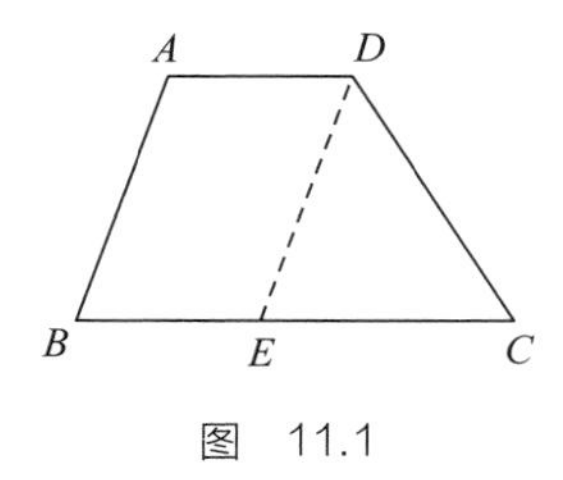

图　11.1

可以看出，关键的第一步是画出$\triangle DEC$。这是基础，所以这种作图的方法叫“三角形奠基法”。为什么先画

$\triangle DEC$？因为这个三角形是确定的，是可以先作出来的。接下去，一个个地画出点 B, A。这两个点也是确定的，是可以画出来的。三角形奠基法的关键在于一系列的确定性：$\triangle DEC$ 可以确定，接着点 B, A 也可以确定。

确定性

数学家十分看重某个问题是确定的，还是不确定的。数学学得好的同学也是这样。在拿到一道题时，学得好的同学往往会掂量一下：问题是否确定？条件够不够？条件多不多？如果条件不够，那题目一般是不能解的；如果条件多了，那就考虑一下：条件中有没有多余干扰？会不会出现矛盾？这就是洞察力。

而有些同学不管三七二十一，拿到题就做，结果做得晕头转向，最后错在哪里，也不明不白。哪怕题目是错的，他还在东撞西撞。你有没有这样的经历？

例 2　如图 11.2，已知：$AB \perp BD$ 于 B，$CD \perp BD$ 于 D，$EF \perp BD$ 于 F，$BF=m$，$FD=n$，求 EF。

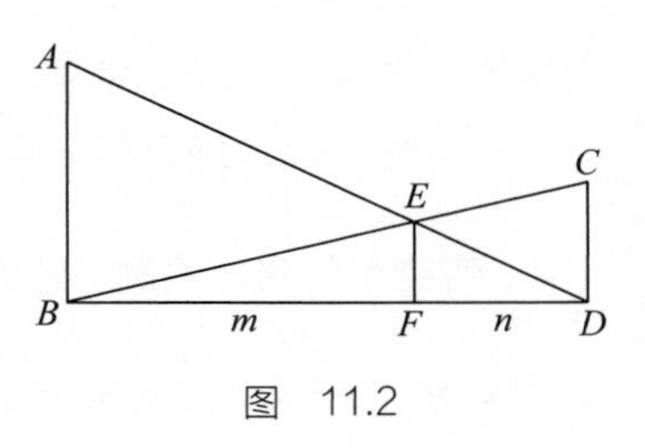

图　11.2

题中 BF 和 FD 的长度是已知的，我们可以认为，点 B、F 和 D 固定了。在这个基础上求垂线段 EF 的长，E 就要固定。而 E 是 AD 和 BC 的交点，因为 $AB \perp BD$，$CD \perp BD$，所以确定 E，取决于 C 和 A 是否确定。事实上，在本题中，A 和 C 的位置并没有确定。因此，本题是“不确定的”。想按照题目要求出 EF 的长度，做不到。

为了说得更明白，不妨举个例子。设想 m 和 n 的值都不变，取 $CD=1$，连接 BC；BC 和过 F 且垂直于 BD 的直线交于 E，连接 DE；延长 DE，和过 B 且垂直于 BD 的直线交于 A，得到图 11.3。再取 $CD=2$，用同样的方法得到图 11.4。显然，图 11.3 和图 11.4 里的 EF 的长是不同的。可见，就算给出同样的 m 和 n，但 EF 是不确定的。于是我们知道，本例题的条件不足。

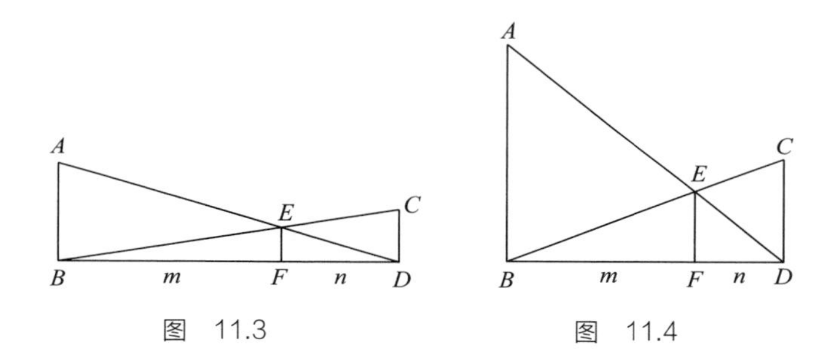

图 11.3　　图 11.4

在描述辅助线的作法时，大家经常会犯下两种错误：有的同学的作图要求太高，符合他要求的点根本不存在，无法画出来；有的同学的作图要求太低，他要作的图形（更确切的是要作的点）有无限多种可能，根本确定不下来。确定性的想法不是人人都有的。

“确定性”的相关例子还有很多，譬如：

- 一元一次方程有且只有一个根；
- 一元二次方程有且只有两个根；
- 过直线外一点能作且只能作一条直线与它平行；
- 不在同一直线上的三点可以确定一个圆；
- 不在同一直线上的三点可以确定一个平面；
- 给定三条边，且满足任两边之和大于第三边，可以确定一个三角形（而给定四条边，画出的四边形不是唯一确定的）。

那么确定性到底是什么意思呢？所谓确定性，应该是：

(1) 满足条件的数、式或图形是存在的；

(2) 满足条件的数、式或图形不是无限多个，而是只有 1 个，或 2 个，或 3 个等。

用数学术语来说，这叫“存在且唯一”。这是一个很不容易理解的术语，我们在这里先认识它一下。

基本量

“确定性”十分重要。与此相关的是基本量思想，以及独立和自由度的概念。

如果问题中涉及很多量（这些量中可能有多余的条件），我们常常可以找出几个最基本的量，并通过各种关系，把其他量也用这些最基本的量表示出来。

一组基本量，首先应该是数量最少的，并且，其他的量都可以用这一组量表示出来。同时，这些量之间谁也不能用其他量来表示，也就是说，它们互相之间是独立的。

多一个不要，少一个不行！

对于一个三角形来说，基本量有三条边、三个内角，再有三条高、三条中线、三条角平分线……涉及的量很多。但是，我们可以认为，三角形的基本量只有三个。如三条边就是一组基本量，而如内角、高、角平分线等其他量，都可以用三条边表示出来。再如，已知两边和它们的一个夹角就可以确定一个三角形，但已知三个角就不行，因为它们不是三个独立的条件，第三个角可以根据另两个角的度数算出来。

在一个三角形中，如果已知其三个相互独立的量，我们就可以求出其他一切量。所以我们说，三角形的自由度是 3。

如果已知四边形的四条边和一个内角互相独立，且其他的边、角都可以借此求出来，那么这也是一组基本量，该四边形的自由度是 5。

一次函数 $y=kx+b$ 的系数 k 和 b 组成一组基本量，如果将函数转换成图像（直线），两点就能确定一次函数的图像（直线），所以一次函数的自由度是 2。

二元方程组自由度也是 2，只要有两个独立的方程，理论上就可以解了。下面的方程组

$$\begin{cases} x+y+z=3 & (1) \\ 2x+3y-z=4 & (2) \\ 4x+5y+z=10 & (3) \\ x-y-z=-1 & (4) \end{cases}$$

是三元一次方程组，这四个方程是不独立的，比如 (3) 可由 (1)(2) 得到。如果从中恰当地挑出三个方程，如 (1)(2)(4)，那么这三个方程的作用与上述四个方程的作用其实是一样的，所以，这个问题的自由度是 3。

如果你知道了独立（无关）、基本量、自由度等概念，那么将来在读高等数学时，遇到“线性无关”“秩”这些概念时，就不会感到突然了。

知 *n* 可求其他

下面我们来看看基本量思想的运用。

已知 a，那么 $a+\frac{1}{a}$，$(a+\frac{1}{a})^2$，$a-\frac{1}{a}$，$(a-\frac{1}{a})^2$，$a^2+\frac{1}{a^2}$ 都可以求出来。这些式子形成一组，我称之为“组块”。我们不妨认为，这个组块的自由度为 1：已知组块中的一个式子的值，其他式子的值就都可求了。比如，我们不是已知 a，而是已知 $a+\frac{1}{a}$ 的值，也可以求出

$$a^2+\frac{1}{a^2}=(a+\frac{1}{a})^2-2$$

同理，还可以求出 $a^3+\frac{1}{a^3}$，$a^4+\frac{1}{a^4}$ 等。这是解题时经常运用的思路，“知 1（个）可求其他”。

已知 $a+b$ 和 ab 的值，既可以求出原始数据 a 和 b，也可以求出 $a+b, a-b, ab, a^2+b^2, \cdots$的值。它们组成了“组块”，这个组块的自由度为 2：知道其中 2 个值，就可以求出其余的值。

例 3　已知 $a, b\ (a\neq b)$ 满足 $a^2+2a=2, b^2+2b=2$，求 $\frac{a}{a+2b}+\frac{b}{b+2a}$ 的值。

分析：由于两个字母 a, b 满足两个互不相关的式子，原则上，a 和 b 都可以求出来，所以这个问题是确定的。

解法一：比较直白的做法是，先把 a, b 求出来（可用求根公式），解得两个根之后代入待求的式子即可。

解法二：用点儿技巧。将 a, b 视为 $x^2+2x=2$ 的两个根，根据根与系数关系得 $a+b=-2$，$ab=-2$，于是

$$
\begin{aligned}
&\frac{a}{a+2b}+\frac{b}{b+2a}\\
&=\frac{a(b+2a)+b(a+2b)}{(a+2b)(b+2a)}\\
&=\frac{2a^2+2ab+2b^2}{2a^2+2b^2+5ab}\\
&=\frac{2(a^2+b^2)+2ab}{2(a^2+b^2)+5ab}\\
&=\frac{2(a+b)^2-2ab}{2(a+b)^2+ab}\\
&=\frac{2\times(-2)^2-2\times(-2)}{2\times(-2)^2+(-2)}\\
&=2
\end{aligned}
$$

实际上，这等同于已知这个组块中的 $a+b$, ab，求 $\frac{a}{a+2b}+\frac{b}{b+2a}$ 的值。其实，已知另两个式子的值，也可以求这个组块中的其他式子，比如：

- $a^2+b^2=(a-b)^2+2ab$　　已知 $(a-b)$, ab，求 a^2+b^2
- $a^2+b^2=\frac{1}{2}[(a+b)^2+(a-b)^2]$　　已知 $(a+b)$, $(a-b)$，求 a^2+b^2
- $ab=\frac{1}{4}[(a+b)^2-(a-b)^2]$　　已知 $(a+b)$, $(a-b)$，求 ab
- $ab=\frac{1}{2}[(a+b)^2-(a^2+b^2)]$　　已知 $(a+b)$, a^2+b^2，求 ab
- $ab=\frac{1}{2}[(a^2+b^2)-(a-b)^2]$　　已知 $(a-b)$, a^2+b^2，求 ab
- $(a+b)^2=(a-b)^2+4ab$　　已知 $(a-b)$, ab，求 $(a+b)$
- $(a-b)^2=(a+b)^2-4ab$　　已知 $(a+b)$, ab，求 $(a-b)$

这都是“知 2 可求其他”的例子。

在几何中，也有不少例子。

我们在学校学习圆的周长公式 $C=\pi d=2\pi r$ 和圆的面积公式 $S=\pi r^2=\frac{\pi d^2}{4}$，通常都是从半径或直径求出周长或面积。圆的自由度是 1，就是说，知道一个量（这里不一定是半径或直径），就可以求得其他相关量。如已知周长 C，根据 $r=\frac{C}{2\pi}$，可求半径 r，以及根据 $S=\frac{C^2}{4\pi}$，可求面积 S。同样，已知面积也可以求出半径、直径、周长。这里是“知 1 可知其他”。

扇形的自由度是 2，书中给出的公式通常是从半径（或直径）和圆心角 n，来求扇形面积（$S=\frac{n\pi r^2}{360}$）或弧长（$L=\frac{n\pi r}{180}$）。其实，已知任何两个量，如扇形半径 r 和面积 S，也可以求出其他量，如弧长、圆心角等。这里是“知 2 可知其他”。

假如一个三角形确定了，那么它的三个角的大小、三条边的长度，甚至三条中线的长度、三条高的长度、三条角平分线的长度、外接圆的半径长、外心的位置、内切圆的半径长、内心的位置、三角形的周长、面积……就都可以确定了，它们都是可以求出来、画出来的。三角形的自由度是 3，因此，在这一串量之中，只要知道互相独立的 3 个量，可以是三条边长，也可以是两边一夹角，也可以是周长、面积和一条边长 ……其余的量都可以求出来。然而，这有时还是相当有难度的，如已知三条边长，想求三个内角的度数，其实还需要用到三角比，想求三角形的面积，还要用到海伦公式。这里是“知 3 可知其他”。

“知 n 可求其他”的思路很重要。我们学了一个公式，能把它变形出好多公式——这就是下游命题。而有些同学面对一个公式，却不会灵活应用，原因可能就是不理解基本量和自由度，不知道“知 n 可求其他”这回事。如果你对这些知识有所感悟，那么你的头脑就会比较清楚，在解题时，你的方向明确，不会乱套、乱算。所以，懂得确定性是一种数学素养。

12　定义

我曾经听过一个故事，至今记忆犹新。故事说的是在很早的年代，钟和表都是奢侈品，很多人都没有看到过。有位学生问老师：“什么是表啊？”

老师想了想，觉得没办法解释清楚，逼急了就“拆烂污”（不负责任）地回答说：“表，小钟也。”

学生也不知道钟是什么，于是又问：“那什么是钟呢？”

老师索性“拆烂污”到底，说：“钟，大表也。”

弄了半天，究竟什么是表，什么是钟，学生仍然弄不清楚。这个故事意味深长，又很风趣。原来，下定义是有讲究的。“小钟”“大表”这样的定义方式是典型的“循环定义”，越说越糊涂。在数学里，定义有其自己的特点。定义十分重要，也不是每一个同学都能掌握得很好的。我们就有针对性地讨论几个问题。

首先要说的是，除了原始的概念，其他概念都应该通过“下定义”的方式明确它的意义。这是数学特有的现象。在其他科学里，有些概念完全可以通过描述的方式实现。而且，如人体解剖学里的头和手、植物学里的麦子、建筑学里的“门”，大家都理解，没必要解释太多，更没有必要加以严格的定义。据说，有一本建筑学的书把“门”定义为：“两个空间之间的一个可以连接又可以关闭的结构叫作‘门’。”这在“门外汉”看来，可能有点儿画蛇添足。

在小学、初中时代，大多数的概念是通过举例、归纳得出的，随着大家进一步学习，特别是随着几何学的出现，定义慢慢严格起来了。但是，有些同学一下子转不过弯儿来，还是想当然地去理解必须严格描述的概念，因而犯了各种错误。

其次要说的是，一般来说，定义有两种方式：一种叫“种属定义”，是用“大概念 + 限制词”（或“上位概念 + 限制词”）的方法来定义“小概念”（下位概念）的。如“两边相等的三角形叫等腰三角形”，其中，三角形是“大概念”，等腰三角形是“小概念”，两边相等是“限制词”。采用这种定义方式的还有：“在同一平面内，两条不相交直线叫平行线。”

另一种方式是“归纳定义”。如“整数和分数统称为有理数”“有理数、无理数统称实数”。

大家理解归纳定义一般问题不大，但种属定义却不是每一个同学能马上接受的，或者，大家在形式上懂了，甚至能够流利地背出定义，其实却不真懂，常常会导致这样、那样的理解错误。

第一种错误是不理解“大概念”是什么。在学习种属定义时，我们一定要把定义中的大概念、小概念和限制词一一弄清楚，但这恰恰是不容易的。尤其在有些特殊形式的定义中，大概念没有明显地被指出来，不少同学就不理解了。没有明显地用“限制词 + 大概念”的方式表达的定义，非常容易惹人误解。譬如，实数的绝对值的概念就是如此，它在教科书上是这样写的：

$$|x| = \begin{cases} x(x > 0) \\ 0(x = 0) \\ -x(x < 0) \end{cases}$$

有的同学可以背出这个式子，却不一定知道，实数的绝对值这个小概念上面的大概念是正实数，即满足上面的式子（限制词）的正实数。

类似的定义还有复数的模：

$$|a+b\mathrm{i}|=\sqrt{a^2+b^2}$$

和实数的绝对值的定义一样，这个定义仅仅是个形式，但它就是复数模的定义。如果你问一位同学："复数的模是什么？"他往往可以背出这个式子，却回答不了"复数的模是什么？"这样的问题。正确的回答是：复数 $a+b\mathrm{i}$ 的模（小概念）是一个实数（大概念），即等于 $\sqrt{a^2+b^2}$ （限制词）的实数。

有一次，我出席了一场硕士论文答辩会。一位研究生的论文内容是讨论极限的意义。我作为答辩导师问这位学生："数列的极限究竟是什么？"

她想了一想，回答说："是'无限接近'。"过了一会儿，她修改说："是'A'……"

可见，她并没有弄清楚数列极限的大概念。正确的回答是：数列的极限（小概念）是一个实数（大概念），它是怎样一个实数呢？是满足"任给 $\varepsilon>0$，总存在一个 N，使 $n>N$ 时都有 $|a_n-A|<\varepsilon$ 成立"（限制词）的实数 A。这位研究生或许可以做出很难的求极限的题目，但对极限的定义理解得并不透彻，主要原因在于，她对逻辑上的种属定义领会不深。当然，这也反映了教育中的一些问题，比如重解题，轻理解。

第二种错误是，"小概念"或"大概念"不呼应，牛头不对马嘴。我们说，“小概念”应该是“大概念”的一部分。

但是，有同学不领会这一点，他会说：“两点间的距离就是连接这两点的线段。”要知道，“两点间的距离”是长度，不是几何图形“线段”，两者尽管有几何方面的联系，但逻辑上没有关系。这句话应改为：“两点间的距离是连接这两点的线段的长度。”

再如，“三角形的角平分线是三角形的任意一个内角的平分线”，在这个定义中，被定义的小概念“三角形的角平分线”是指一条线段，而用来定义它的大概念“角平分线”是射线，大、小概念就不呼应了。正确的说法是：“三角形的角平分线是三角形内角的平分线上夹在该内角顶点与它对边之间的线段。”

第三种错误是限制过多或过少。比如，“直径是连接圆周上两点而成的线段”，我们知道，在连接圆周上两点而成的线段中，过圆心的那条才是直径！这里就犯了限制过少的错误。再如，“弦是连接圆周上两点而成且经过圆心的线段”，其实，对弦的要求没有那么高，并不要求非要经过圆心，这就是限制过多了。

定义通常不由我们来下，那这些问题跟我们的日常学习有什么关系呢？其实，同学们常常在描述辅助线的作法时出现问题：要求不是定得太高，就是太低。这实在是一大难点。例如有的同学在添加辅助线时会这样写作法：

在$\triangle ABC$中，过顶点A作BC边上的中垂线AD。

AD既要是中线，又要是高，同时满足这两个条件的辅助线不一定存在啊！要求太高了。

第四种错误是循环定义。“大表”“小钟”的故事看来是个笑话，但这类错误还是经常出现的。例如在回答“什么是圆周？”的时候，常有学生这样说：“圆周是与圆心的距离相等的点的轨迹。”这就犯了循环定义的错误。因为如果学习者对几何知识一无所知的话，那么他必然会问：“那什么叫圆心呢？”事实上，要说清“圆心”这个概念，就又会涉及“圆周”这一概念。这不就和“大表”“小钟”是同一性质的问题了吗？正确的定义应该是：“平面上与一个定点的距离相等的点的轨迹叫圆周，这个定点就叫圆心。”

第五种错误是错把定义当推理。数学的概念常常要扩展，如“幂”在开始是正整数指数幂，后来是零指数幂、负整数指数幂、分数指数幂，等等。同样称为“幂”，但前后的意义各不相同。正整数指数幂规定为相同因数的积：

$$a^n = \underbrace{a \cdot a \cdots a}_{n\text{个}}$$

而零指数幂规定为

$$a^0 = 1 (a \neq 0)$$

不少同学以为 $a^0 = 1$ 是推出来的，他们认为

$$a^m \div a^n = a^{m-n} \tag{1}$$

$$\therefore\ a^n \div a^n = a^{n-n} = a^0 \tag{2}$$

而

$$a^n \div a^n = 1$$

$$\therefore\ a^0 = 1$$

这是一种误解。我们一步步来分析。先看 (1) 式——正确，但原先知识在当 $m>n$ 时才成立，所以应该加上这个条件，即

$$a^m \div a^n = a^{m-n} \quad (m>n)$$

再看 (2) 式——不正确，因为不符合 $m>n$ 的要求。后面的推理当然站不住脚了。

其实，从另一个角度想一想，a^0 的意义还不清楚，怎能推出它有这样、那样的性质呢？这种思维方式当然是不正确的。为什么会造成这种误解呢？这或许是因为有人误解了在数学书中常见的一段文字叙述：

我们知道

$$a^m \div a^n = a^{m-n}\,(m>n) \tag{3}$$

而

$$a^n \div a^n = 1$$

为了使 (3) 式在 $m=n$ 时也能成立，我们规定

$$a^0 = 1$$

这段文字是完全正确的。可惜，不少同学把这一段“规定”$a^0=1$ 的合理性的文字误解为被“推出来”的。这是一个根本性的错误。

再次，我想说的是关于新定义的问题。数学里常常要做一些临时规定，如几何中作辅助线，在列方程解应用题时设未知数，在换元法解题时设辅助未知量，等等。这些临时规定与下定义有类似之处——都要规定新线、新点、新字母的意义。有些同学在解题中喜欢莫名其妙地自己开创一个新未知数、一条新线段，使人“丈二和尚摸不着头脑”，这么做会引发很多问题。这并不是真正的新定义。

近年来，中、高考题目里经常出现有关“新定义”的题目，这些题目大致定义了一个概念、一个符号或一种新规则。我们必须根据定义理解题意，进行推演。记住：从某种意义上说，在数学里一切要从定义出发！

例 1　已知运算“*”满足“$a*b=a^b$”(a, b 为正数)，那么对“*”来说，结合律是否成立？

分析：这是定义了一种新的运算“*”，它的意义是 $a*b=a^b$。我们应该按这个定义计算或推理，切不可凭想象、自己的经验和直观来解释它的意义。

解：

$$a*(b*c)=a^{b*c}=a^{b^c}$$

$$(a*b)*c=(a*b)^c=(a^b)^c=a^{bc}$$

一般说 $a^{b^c}\neq a^{bc}$，所以不能保证

$$a*(b*c)=(a*b)*c$$

成立。即“*”不满足结合律。

13　划分

一个概念有两个方面：内涵和外延——揭示内涵主要靠定义，揭示外延主要靠划分。通过划分，我们把一个概念包含哪些对象搞得清清楚楚。比如，我们在前面用树图这个工具对复数等概念进行了逻辑划分。

另外，数学里常常要进行分类讨论，主张“有序思考”。会正确地进行划分，是正确合理进行分类讨论和有序思考的基础。

划分的原则

(1) 划分要按同一标准（简称分类的一致性）。

比如，三角形可以按角划分，也可以按边划分，但无论是按角还是按边划分，不能混在一起。有同学经常把三角形错误地分成直角三角形、等腰三角形、锐角三角形、钝角三角形。这样的分类方式就是把按边和按角的划分方法混在一起了。

(2) 分类不能有遗漏（简称分类的完备性）。

比如，把四边形划分成平行四边形和梯形两类，这就遗漏了大量的不规则四边形。如果把这话改为“四边形包含了平行四边形和梯形”，这是可以的。

(3) 分类不能重复（简称分类的纯粹性）。

常常有人把三角形错误分成不等边三角形、等腰三角形和等边三角形三类，由于等边三角形包含在等腰三角形中，因此按这种分类方法，等边三角形就重复出现了。

当同时有两个标准时，划分就会变得十分困难。这时，可以采用表格方式或多次划分法，分类讨论时常常用多次划分的办法。比如，实数划分可以按正负性，也可按有理性，两者结合起来可画成表格（表 13.1）。

表 13.1

实数	**有理数**	**无理数**
正数	正有理数	正无理数
0	0	/
负数	负有理数	负无理数

也可以先按一个标准划分，再按另一个标准划分（图 13.1）。

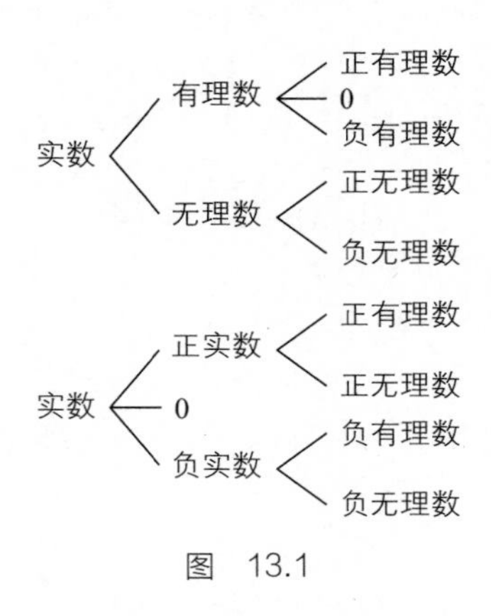

图 13.1

前面一种划分是先考虑数的有理性（有理还是无理），再考虑数的正负性；后面这种划分则相反。两种方法都是正确的。

分类讨论

数学问题中常常要分类讨论，这时会不会正确进行划分，显得十分重要。关键点有两个：首先是抓住什么量（或图形）进行分类，即划分的标准，这是很重要的；接下去考虑怎么对这个量进行划分。

例 1　解不等式 $|x-1|+|x-2|>4$。

分析：需要对 x 进行讨论是无异议的，但怎么进行划分？分成大于 0 还是小于 0 讨论？显然大于 0 还是小于 0 和本题关系不大，怎么划分要根据题意具体分析。

解：为打开 $|x-1|$ 的绝对值符号，要分 $x\geqslant1$ 和 $x<1$ 两种情况讨论；为打开 $|x-2|$ 的绝对值符号，又要分 $x\geqslant2$ 和 $x<2$ 两种情况讨论。综合起来，可分 $x<1$，$1\leqslant x\leqslant2$，$x>2$ 三种情况讨论。

(1) 当 $x<1$ 时，$|x-1|=1-x$，$|x-2|=2-x$，所以原不等式变成

$$(1-x)+(2-x)>4$$

得到 $x<-\dfrac{1}{2}$。

(2) 当 $1\leqslant x\leqslant2$ 时，$|x-1|=x-1$，$|x-2|=2-x$，所以原不等式变成

$$(x-1)+(2-x)>4$$

得到 $1>4$，这是不可能的。

(3) 当 $x>2$ 时，$|x-1|=x-1$，$|x-2|=x-2$，所以原不等式变成

$$(x-1)+(x-2)>4$$

得到$x>\frac{7}{2}$。

所以，原不等式的解是$x<-\frac{1}{2}$或$x>\frac{7}{2}$。

例 2　如图 13.2，正三角形 ABC 的边长为 1，P 在 AB 上运动（与 AB 不重合），$PQ\perp BC$，$QR\perp AC$，$RS\perp AB$，且 Q, R, S 分别为垂足，设 $BP=x, AS=y$。

(1) 求 x, y 之间的函数关系式。

(2) 当 P 到 S 的距离为 $\frac{1}{4}$ 时，求 AP 的长。

分析：本题应抓住动态图形进行分类，究竟是抓住点 P 还是点 S 呢？在画草图的过程中发现，实际上，这两点的位置有图 13.2 和图 13.3 两种状况，即 S 分别运动到 AP 上和 BP 上。应按此分类讨论。

解：(1) $y=\frac{x}{8}+\frac{1}{4}(0<x<1)$（过程略）。

(2) 当 P 到 S 的距离为$\frac{1}{4}$时，有两种情况：

① 当 S 运动到 AP 上时（图 13.2），有$y+\frac{1}{4}+x=1$。

$$\therefore \frac{x}{8}+\frac{1}{4}+\frac{1}{4}+x=1$$

解得$x=\frac{4}{9}$。

$$\therefore AP=1-BP=1-x=\frac{5}{9}$$

② 当 S 运动到 BP 上（图 13.3）时，有 $y-\frac{1}{4}+x=1$ 。

$$\therefore\ \frac{x}{8}-\frac{1}{4}+\frac{1}{4}+x=1$$

解得 $x=\frac{8}{9}$ 。

$$\therefore\ AP=1-BP=1-x=\frac{1}{9}$$

综上所述，当 P 到 S 的距离为 $\frac{1}{4}$ ，AP 的长为 $\frac{5}{9}$ 或 $\frac{1}{9}$ 。

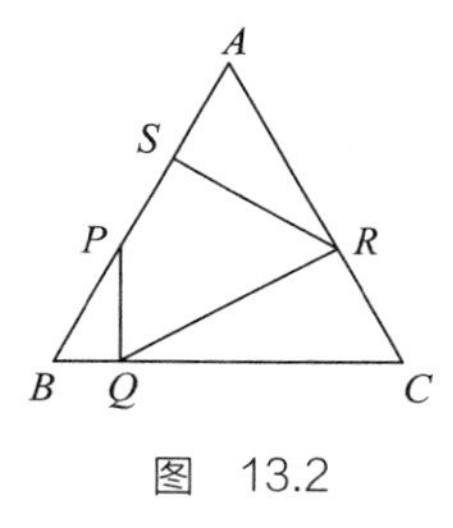

图 13.2

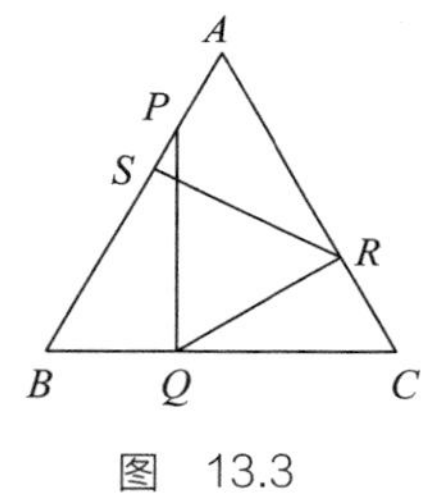

图 13.3

在研究概念时所进行划分，必须是不遗漏、不重复的；但在进行分类讨论时，不能遗漏，但允许重复，这种情况叫覆盖。

例 3　在△ABC 中，$\sin 2A=\sin 2B$，求证：$\frac{\cos A}{b}=\frac{\cos B}{a}$ 。

证明： $\because\ \sin 2A=\sin 2B$

$\therefore\ 2A=2B$ 或 $2A=180°-2B$ ，即 $A=B$ 或 $A=90°-B$

(1) 若 $A=B$ ，则两个角所对边长 $a=b$ ，且 $\cos A=\cos B$ ，

$$\therefore\ \frac{\cos A}{a}=\frac{\cos B}{b}$$

(2) 若 $A = 90° - B$，此时，$\triangle ABC$ 中，$\angle C = 90°$，所以

$$\frac{b}{a} = \tan B = \frac{\sin B}{\cos B} = \frac{\cos A}{\cos B}$$

$$\therefore \frac{\cos A}{b} = \frac{\cos B}{a}$$

情况 (1) 和 (2) 是重复的。情况 (1) 中 $A = B$，说明$\triangle ABC$ 是等腰三角形；情况 (2) 中 $A = 90° - B$，说明$\triangle ABC$ 是直角三角形。如果从三角形是否等腰和是否有直角来划分，本题应讨论如下三种不重复的情况：

(i) 等腰但非直角三角形；

(ii) 直角但非等腰三角形；

(iii) 等腰直角三角形。

显得有点儿烦琐。证题中的情况 (1)，包含了这里的 (i) 和 (ii)，情况 (2) 包含了这里的 (ii) 和 (iii)。可见，此证法存在重复讨论，即覆盖式的讨论。

有序思考

在同时有两个标准的情况下，分类讨论是有难度的。这就需要有有序思考的能力。我们在前面说过有序计算，在讨论复杂问题时，也要有序。

所谓有序思考，就是把方方面面都考虑到，不要遗漏，也不要重复（和划分有关），而且要按一定的先后顺序进行思考，不要乱套。

例 4　在等腰△ABC（其中 $AB=AC$）所在的平面内，找一点 D，连接 AD、BD、CD，使△ABD、△ACD 和△BCD 都是等腰三角形。

这是上海市某区在某年的一道中考模拟题，学生一般都回答不完整。如果按下面这样思考，就不会遗漏了。

- 先考虑等腰△DBC 等腰所夹的顶点是 D（即腰是 DB 和 DC，即 $DB=DC$，方便起见，以下统一简称此点为“顶点”），那么 D 必定在 BC 的垂直平分线上；
- 再考虑等腰△ABD 的顶点可能是 D，此时同上（由于对称，△ACD 不必再考虑）；
- 等腰△ABD 的顶点可能是 A，此时有两种可能；
- 等腰△ABD 的顶点可能是 B；
- 然后考虑等腰△DBC 的顶点是 B；
- 再考虑等腰△ABD 的顶点是 A，或 B，或 D，在这三种情况下，还要考虑等腰△ADC；
- 最后考虑等腰△DBC 的顶点是 C。

事实上，由三边的垂直平分线交于点 D，连接 AD、BD、CD，得△ABD、△ACD、△BCD 都是等腰三角形（图 13.4）。

以点 A 为圆心、AB 为半径的圆与 BC 的垂直平分线交于点 D，连接 AD、BD、CD，得△ABD、△ACD、△BCD 都是等腰三角形（图 13.5 和图 13.6）。

以点 B 为圆心、AB 为半径的圆与 BC 的垂直平分线交于点 D，连接 AD、BD、CD，得△ABD、△ACD、△BCD 都是等腰三角形

（图 13.7）。

以点 A 为圆心、AB 为半径的圆与以点 B 为圆心、BC 为半径的圆交于点 D，连接 AD、BD、CD，得$\triangle ABD$、$\triangle ACD$、$\triangle BCD$ 都是等腰三角形（图 13.8）。

以点 A 为圆心、AB 为半径的圆与以点 C 为圆心、BC 为半径的圆交于点 D，连接 AD、BD、CD，得$\triangle ABD$、$\triangle ACD$、$\triangle BCD$ 都是等腰三角形（图 13.9）。

所以，符合要求的点共有 6 个。

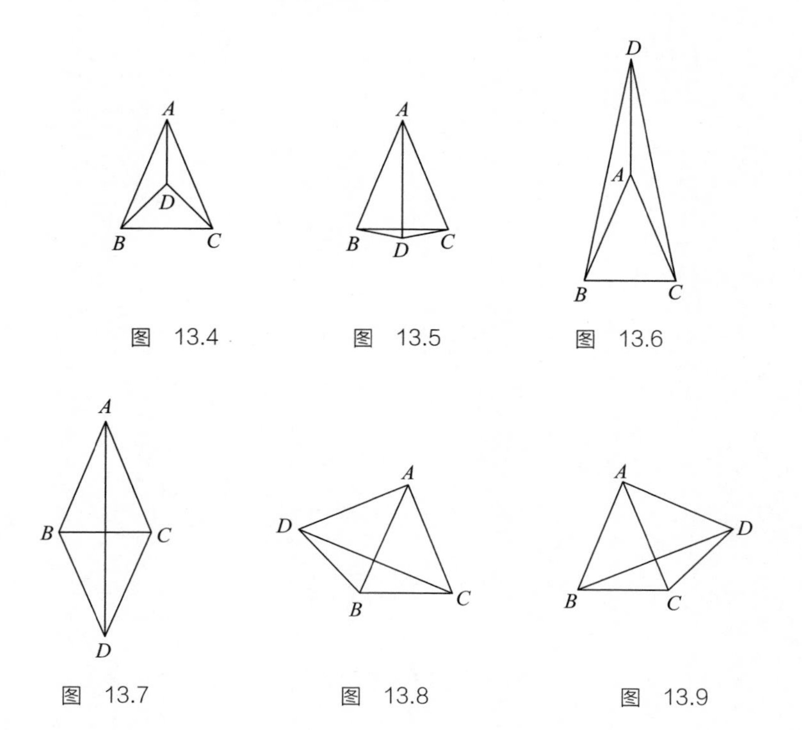

图 13.4　图 13.5　图 13.6

图 13.7　图 13.8　图 13.9

你看，这样一层层地思考，在思考每一层的时候，又把各种可能都考虑进去，就不会遗漏可能发生的情况，也不会把有些情况重复考虑了。

你会发现，数学真正学得好的人，往往讲话也有条有理，不啰唆，这是因为其思维是有序的，因此，有序思考是一种数学素质。

14 公理化

真假和对错

真假和对错，是不是一回事？在有些同学的头脑里，以为真就是对，假就是错，殊不知，真假和对错有时是两码事。

比如在社会上，贪腐问题会引起大家的愤怒，那么贪腐现象是怎么形成的呢？社会上对此有不少议论，有人从家庭出身方面追究原因，但有人不同意，因此有下面两种说法。一种说法是：

- 小时候吃过苦的人，容易变得贪婪；（大前提）
- 张经理小时候吃过苦；（小前提）
- 所以张经理成贪官了。（结论）

另一种说法是：

- 小时候吃过苦的人，会同情穷苦人；（大前提）
- 张经理小时候吃过苦；（小前提）
- 所以张经理同情穷苦人。（结论）

这两种说法都有道理，得出的结论却有矛盾。到底哪个正确呢？

逻辑学主要关注的是推理。凡是符合推理规则的就是有效推理，或者说是“对”的；反之，不符合推理规则的就是无效推理，推理无效，就说是“错”的。这里需要说明的是，如今的逻辑书中大多不提或少提“对错”二字了，往往换成推理“有效”和“无效”。本章为了与“真假”做强烈的对照，仍然用“对错”二字。

上面两段话用的都是典型的三段论，即

- 凡 S 是 P；（大前提）
- * 是 S；（小前提）
- 所以 * 是 P。（结论）

而两种说法的差别在于它们的大前提不同，前者认为“苦出身，容易变得贪婪”，后者认为“苦出身，会同情穷苦人”。由于大前提正好有矛盾，因此得到的结论也就有矛盾了。不管怎么说，两段话的推理都是有效的，或者说，都是对的。

至于真假，是指命题是不是符合客观现实，符合则为真，不符合则为假。比如，鲁迅在一篇文章中说过一个例子，一个婴儿出生了，有人实话实说，讲了不中听的话：“人总要死的。”但这是真命题。而喜欢溜须拍马的人尽说吉利话，认为“人可以长生不老”，这却是假命题。

总之，**真假是各个学科的事，对错是逻辑的事**。区别这两者，对于我们数学学习来说是有好处的。但是，有时真假的判断和某种学派或观点有关，数学上也有精彩的例子。

公理化

“先有鸡，还是先有蛋？”常有人为这类问题争论得面红耳赤。生活中经常会发生这种情况：如果要对一个问题打破砂锅问到底的话，反而找不到答案。唯有数学家的脑袋与众不同。在数学中，对一个问题可以层层追问，问到最终，总会有几条公理来保证。这种“公理化”的方法是数学所特有的。

早在公元前 300 年左右，古希腊的欧几里得（公元前 330—前 275 年）编写的《几何原本》不仅把前人成果都一一吸收进来，而且用严格的逻辑体系将它们编排起来。《几何原本》如此成功，据说其发行量仅次于《圣经》。欧几里得的基本思想是，首先挑一部分几何对象作为“不定义”的原始概念，并用描述的方法解释它们的意义；再挑一批命题作为“不证自明”的公理，如“从一点可以向另一点作直线”“凡直角都相等”，等等；然后，在原始概念的基础上，陆续给出其他概念，在公理的基础上，推得定理。这就是公理化思想，是有别于其他学科的、数学独有的思想。

《几何原本》后来由明代的徐光启和传教士利玛窦翻译成中文，被引入到中国。上海市徐汇区里的这个“徐”字就和徐光启有关，位于该区的徐家汇街道有徐光启的墓和为了纪念他而建立的塑像。利玛窦的墓在北京，我也曾经去瞻仰过。

但是，欧几里得的几何体系在 19 世纪受到了严重的挑战。在欧几里得的《几何原本》中有一条公理叫平行公理。用我们已经改换过的说法，平行公理可表达为：“平面上过已知直线外的一点，只能作一条直线与已知直线平行。”一开始，人们总觉得它不像是公理，或许用其他公理也可以推出。

在课堂上，有时会出现这样的场景，老师说：“现在请大家记笔记啊：相互平行的两条直线被任意延长，永不相交。”于是，同学们低下头，开始在本子上写。

“小度同学，你为什么不记呢？”

小度回答：“我在想，它们为什么不会相交呢？”

“为什么？我不是已经讲过，因为它们是平行的呀！”老师说。

“那么，要是把它们延长到 1 千米，也不会相交吗？”

“当然啦！”

“要是延长到两千米呢？”

“也不会相交的。”

“有人试过吗？”

“用不着试，因为这是一条公理……公理是不需要证明的真理啊！”

“那为什么这一条命题就可以叫公理呢？”

“因为这是欧几里得说的。”

“要是他说错了呢？”

“……”

你看，小度同学其实就是对平行公理有怀疑嘛！不过，对待这样一个表面看来简单，但本质上却十分深刻的问题，每个人的态度是不一样的。其实，这位老师是个“凡人”，而小度同学却颇有数学家的气质。

不少数学家都尝试过证明平行公理，但一一败下阵来。俄国数学家罗巴切夫斯基也曾尝试推证平行公理，当他遭到失败之后，他想：如果没有平行公理，或者，把平行公理改成“过平面上已知直线外的一点，至少可以引两条直线与该直线平行”，后果会怎样呢？罗巴切夫斯基发现，假如没有平行公理，那欧几里得几何中有些定理就推不出来了；而平行公理改换之后，欧几里得几何中有些定理也会变了样。譬如，在欧几里得几何中，三角形内角和等于 180°，而改换了平行公理后，三角形内角和竟小于 180° 了。由于改换了一条平行公理，因此罗巴切夫斯基得出了一批与原先不同的“定理”。尽管这些“定理”与人们的直观相违背，但它们却能自圆其说。

这些结论是在 1829 年公布的。罗巴切夫斯基的成果是革命性的，后人称他为“几何学里的哥白尼”。然而，罗巴切夫斯基当年的处境却很惨，他生前遭到了众多“学者”的批判、谩骂、攻击、嘲讽。但这阻挡不住他的思想发扬光大。

1854 年，黎曼构造了另一种非欧几何——黎曼几何。黎曼几何也改变了欧几里得几何的平行公理，不过黎曼是从另一个方向改变的，他假定：“过直线外一点，不可能作直线和它平行。”从这点出发，他也推出了一个不自相矛盾的系统。

在非欧几何里，许多性质发生了变化。比如，三角形的内角和在欧氏几何里等于 180°，在罗氏几何里就小于 180°，而在黎曼几何里，则是大于 180° 的。

有人或许会问：“这三种几何究竟哪个为真呢？”其实，这三种几何适合不同的场合。在我们生活的小范围里，当然是欧氏几何为真，但在其他场合并非如此。这就是真理的相对性。

有人或许会问：“欧氏几何的用处是实实在在的，但罗氏几何和黎曼几何有什么用处呢？”用处可大呢！可以说，如果没有非欧几何，就没有爱因斯坦的相对论。爱因斯坦的相对论指出，物理空间在巨大的质量附近会发生弯曲。比如，我们在地球上某一点 O 观察某两颗恒星 A 和 B，设 $\angle AOB$ 的度数等于 θ。如果爱因斯坦的理论不成立，那么不管有没有太阳的干扰，θ 的值应该不变；如果他的理论成立，那么在有太阳干扰时与在没有太阳干扰时对比，θ 的值应该有变化。但是在正常情况下，这项实验是很难进行的：白天有强烈的阳光，我们根本看不到恒星 A 和 B，而夜晚又没有太阳了。这项实验只能在发生日全食的时候才能够进行。

1919 年，西非发生了日全食。一支英国天文学考察队前往西非的普林西比岛进行实地观察。结果，他们发现 θ 的值在有太阳和没有太阳的情况下相差 $1.61'' \pm 0.30''$。而爱因斯坦的理论计算指出，这个角度应该相差 $1.75''$。两者误差甚小。

不要小看这小小的 1 点几秒，这 1 点几秒说明太阳的巨大质量确实使恒星 A 和 B 射来的光线发生了弯曲，从而证实了爱因斯坦的相对论的正确性。同时，这也说明，微观地看，我们生活在三角形内角和等于 $180°$ 的欧氏几何的空间里，但宏观地看，我们生活在三角形内角和不等于 $180°$ 的空间里。也就是说，我们生活在非欧几何的空间里。

在 19 世纪后期，大数学家希尔伯特总结了公理化的成果，把公理化思想又向前推进了一步。欧几里得的公理化方法，是先有对象（点、线、面等），这些对象具有明显的直观背景，他所提出的公理，都是以这种直观背景作为判断依据的。而罗巴切夫斯基的工作告诉人们：我们可以“自由”地提出公理，它不必受直观的约束，也不再具有“自明性”，它只是用来作为推理基础的一种“假设”。更重要的是，在欧几里得时代，是对象决定公理，而现在，可以由公理决定对象。只要具有某些性质，叫它“点”，还是叫它“茶杯”，是无所谓的。所以，我们可以认为，公理是对象的隐性定义。这样一来，公理化方法从欧几里得的“实质公理化”推进到“形式公理化”了。

数学家再次显示出，他们是与众不同的。

然而，公理化的处理方法未必适合初中生，因此，大家看到的现行教材几乎都是从若干公认的几何事实出发（这些事实的数量超过了公理），通过推演，而得到全部的几何内容。但是，假如公理的事儿一点儿都不提的话，那也是不妥的，这样一来，学生们就压根儿不知道世上还有公理化这个重要的思想。

15　抽象

小学阶段在讲长度单位的时候，有的老师会这样说：“用一个单位长度去量一条线段，可能正好量尽，没有剩余；如果有余，可用十分之一的单位长度去量线段余下的部分；如果再有余，就用百分之一的单位长度去量……最后总会有量尽的时候。”

其实，这话错了，真的有怎么量也量不尽的情形。这就涉及了公度的概念。所谓“公度”，就是能够找到一条线段 c，使两条已知线段 a、b 都能用 c 去量若干次，而没有剩余。但是，任意给定两条线段，不一定有公度，也就是说，这样的线段 c 不一定存在。

怎么知道两条线段有没有公度？直接去找公度，有时并不简单，但我们可以通过辗转相截的办法寻找。譬如已知线段长度是 $a>b$：

第一步，我们先用较短的线段 b 去截线段 a，假设截 k_1 次后，多出了一段线段 a_1（$a_1<b$），即 $a=k_1b+a_1$；

第二步，用 a_1 截 b，假设截 k_2 次后，也多出了一段 b_1（$b_1<a_1$），即 $b=k_2a_1+b_1$；

第三步，用 b_1 截 a_1，假设截 k_3 次后，也多出了一段 a_2（$a_2<b_1$），即 $a_1=k_3b_1+a_2$；

第四步，用 a_2 截 b_1，假设截 k_4 次后，也多出了一段 b_2（$b_2<a_2$），即 $b_1=k_4a_2+b_2$；

……

如果这样辗转相截，最后正巧截完，那么这两条线段就有公度。简单起见，我们假设第四步正巧截完，即第四步可改为：用 a_2

截 b_1，截 k_4 次后，正巧截完无余，即 $b_1=k_4a_2$。这时候，我们返回第三步 $a_1=k_3b_1+a_2$，将 $b_1=k_4a_2$ 代入，得 $a_1=(k_3k_4+1)a_2$。

然后，再返回第二步、第一步。不难发现，线段 a、b 都是 a_2 的整数倍，也就是说，a_2 就是线段 a、b 的公度。如果这样辗转相截，永远截不完，那么这两条线段无公度。

真的有无公度的两条线段吗？有啊！正方形的一边与对角线就是无公度的。由此，人们认识了无理数，也引发了第一次数学危机。下面，我们来研究一下，为什么正方形的边和对角线是无公度的两条线段。

四边形 $ABCD$ 是正方形，我们关心边 BC 和对角线 AC 这两条线段，显然对角线 AC 较长，边 BC 较短（图 15.1）。

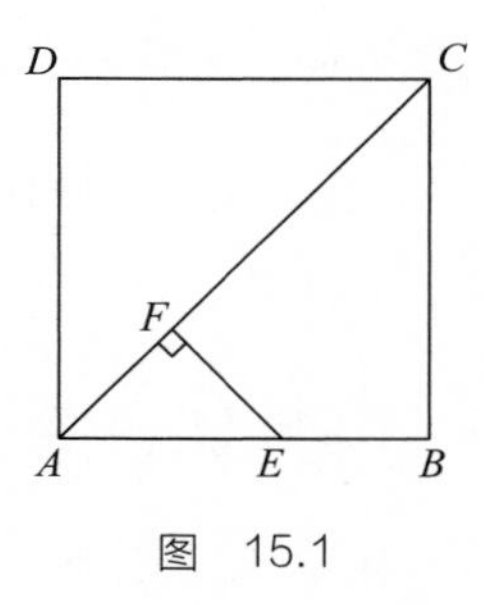

图 15.1

第一步，先用较短的线段（边 BC）截较长的线段（对角线 AC），得 $CF=CB$，余下一小段线段 FA。此时，作 $EF\perp AC$，交 AB 于 E。可证 $AF=EF=BE$。

第二步，用对角线上多余的一段 FA 截正方形的边 BC。因为 $BC=AB$，所以我们选择截 AB。由于 $AF=BE$，所以先截下一段 BE，余下 EA。此时 $EA>AF$，因此应该再截。

可是我们发现，$\triangle AFE$ 是等腰直角三角形（如果补出一个以 AF 为边的正方形，那么 AE 就是对角线），于是我们又回到了起点——用正方形的边去截它的对角线。不难发现，这个过程是无止境的，因此它们之间辗转相截是没有尽头的。所以，正方形的边长和对角线是无公度的。

公度这个概念很抽象。在我求学的年代，高中一年级时，我们还在学习平面几何，其中就有公度的内容。在学习“公度”时，我经历了一个精彩问答的场面。

老师讲：“对正方形的一边和对角线，我们找不到一条线段 l，用 l 去量边和对角线时，量若干次恰巧量尽而没有剩余，哪怕 l 很短很短，也是不行的。”

一位思维敏捷的同学举手问：“老师，您告诉过我们，线段是由点组成的，那么正方形的边和对角线也都是由点组成的，用点去量边和对角线，不是总可以量尽而没有剩余吗？”

这是一个很深刻且难以回答的问题。然而，老师的回答也很精彩，老师说：“那么，请你告诉我，‘点’有多长？”

我的这位同学哑口无言。

数学确实用到了“点”这个字，但它与日常生活中的“墨点”“一点儿灰尘”中的“点”不同，日常生活中的“点”即便再小，也有个小面积，有个大小可言；但在我们数学中的“点”是没有宽度，没有大小的。可以这样说，谁都没有看见过数学里的“点”，但我们却一直在说它、用它。

同样，有谁见过“1”？其实，谁都没有。我们只见过一头牛、一只杯子、一个人。人们从一头牛、一只杯子、一个人……中，舍弃它们的具体内容——不管它们是生物还是非生物，不管它们有多重、多大，不管它们是漂亮的，还是难看的，从数量上说，它们是一样的——抽象出理想化的数学里的“1”。

这里，还是“抽象”在起作用。

有一道已广为流传的“开放性”题，我期望通过本题的讨论，让大家体会抽象的形成过程。

如图 15.2，在 3 个同样大小的正方形里，各有 5 个点，你认为哪个正方形里的点更为集中？

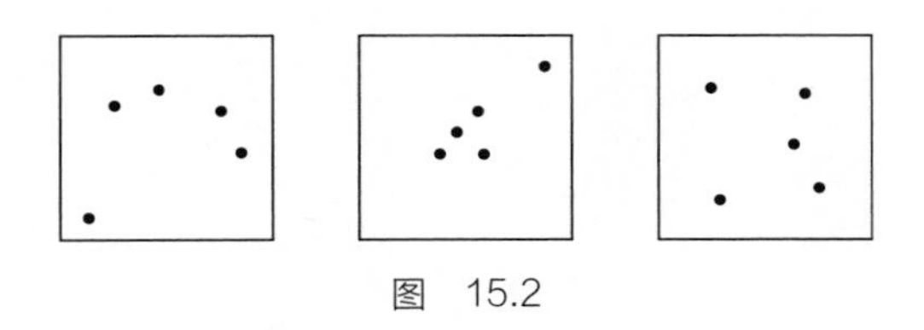

图 15.2

当初，我给同学们展示这道题之后，大家都十分兴奋。有的说：“在图中各画一个能把 5 个点都包含在内（或在边界上）的最小的圆，哪个圆最小，点就最集中。”

有的说：“在图中各画一个凸多边形，让图中的点必须是该凸多边形的顶点，或在这个凸多边形的内部或边界上，哪个凸多边形的面积最小，点就最集中。”

有的说：“把各图中的 5 个点分别联结成一个网络，哪个图中的网络总长度最短，点就最集中。”

有的说：“画出正方形的两条对角线，得到正方形的中心点；然后，把各图中的 5 个点都与正方形的中心点连接起来，算出各图中这些线段的总长度。总长度最短，点就最集中。”

听了这些议论后，你有什么想法？看来，最后一种说法没有太多道理。因为这个标准涉及了这几个点和正方形的中心点的位置关系，但这和我们要讨论的集中程度是没有绝对关系的。如图 15.3 所示，在左右两张图中，点 E 位于正方形中心点相对称的不同位置上，因此其与中心点相连的线段长度相同，即在两张图中，A, B, C, D, E 这 5 个点与中心点的连线的总长度相同。但我们能认为，左右两张图里的点的集中程度一样吗？显然不一样啊。

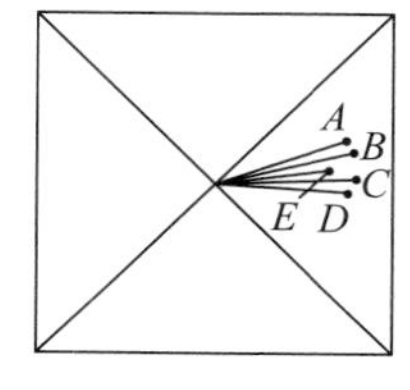

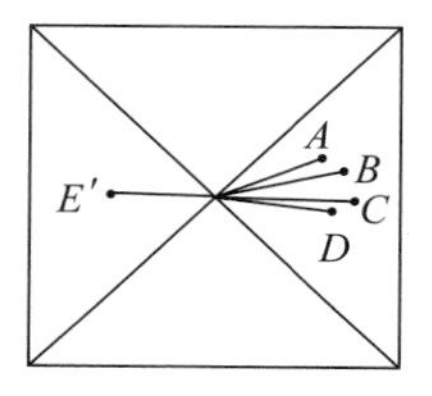

图 15.3

至于其他几种说法，也很难比较。看来，什么叫“集中”，大家还没有弄明白呢！因此，我们首先要抽象出一个能反映出平面上若干点的“集中”程度的概念来。

对于直线上的几个点（或几个实数）来说，“集中”这一概念已被数学家、统计学家抽象出来了，那就是“方差”“均方差”等概念。比如：第一小组 5 个人的考试成绩分别是 80, 81, 79, 82, 78，第二小组 5 个人的成绩分别是 80, 90, 70, 100, 60。两组的平均成绩都是 80 分，但显然，第一小组的分数更“集中”。我们可以用比较“方差”，即各人成绩与平均成绩的差的平方和的方法来确认。

第一小组的方差为

$$
\begin{aligned}
&(80-80)^2+(81-80)^2+(79-80)^2+(82-80)^2+(78-80)^2\\
&=0+1+1+4+4\\
&=10
\end{aligned}
$$

第二小组的方差为

$$
\begin{aligned}
&(80-80)^2+(90-80)^2+(70-80)^2+(100-80)^2+(60-80)^2 \\
&=0+100+100+400+400 \\
&=1000
\end{aligned}
$$

因此，第一小组的方差小于第二小组的方差，可知第一小组的分数更集中。

“方差”的概念是为了反映几个实数的集中程度，而被数学家抽象出来的一个概念。因为它与人们的直觉相符，所以被人们接受了。但是，平面上的 n 个点，用什么来反映它们的“集中”程度呢？我好像还没有听说有一个为大家所公认的概念。

再看一个例子。线段、平面封闭图形都可以看成点集。而线段有一个实数（长度）和这个集合对应，封闭图形也有一个实数（面积）和它对应。长度也好，面积也好，这样的实数都有三个共同的特性：

(1) 非负性；
(2) 空集对应的这个实数等于 0；
(3) 如果两个集合没有共同的元素（不相交），那么它们的并集对应的这个实数等于各集合对应的实数的和（可加性）。

譬如长度和面积都是非负的：如果线段缩成了一个点，长度就等于 0，如果平面封闭图形缩成了一个点，面积就等于 0；如果两条线段在同一直线上，且不重叠，那么这两条线段的长度之和（也可以看成一个集合）等于各自长度之和，对于平面封闭图形来说也一样。

有意思的是，在概率论里，一个随机事件就可以被视为一个集合——这对孩子们来说，或许不太容易理解。集合中有元素，那么这种集合的元素是什么呢？

以掷一颗骰子为例，掷出的结果对应的基本事件有 6 种：出现 1 点、2 点、3 点、4 点、5 点、6 点。“出现偶数点”是一个随机事件，包含“出现 2 点”“出现 4 点”“出现 6 点”三个基本事件。从集合角度说，这可以看成是由 2 点、4 点、6 点三个元素组成的一个集合。同样，“出现奇数点”是一个包括了“出现 1 点”“出现 3 点”“出现 5 点”三个基本事件的随机事件，从集合角度看，它可以被看成由 1 点、3 点、5 点三个元素组成的一个集合。

那么，有没有一个数和这种集合对应呢？有！每个随机事件（集合）都有一个非负实数——概率——和它对应。譬如，我们知道随机事件“掷一颗骰子，出现奇数点”的概率是 $\frac{1}{2}$，出现 1 点的概率是 $\frac{1}{6}$……现在，我们把这一随机事件看成集合，概率就是与之对应的实数。它竟然也满足上面所说的三个特性！

啊！我们原以为，概率和长度、面积、体积是风马牛不相及的，可它们竟然都和一个实数对应，而且，这个实数同样满足这三个特性。

数学家把这种在不同场合、不同对象之间出现的共同性抽象出来，称这个实数为“测度”。所以，长度、面积是点集的测度，概率就是随机事件的测度。将之抽象出来之后，我们可以研究它们共同的特性，从而“居高临下”地看待、处理不同的问题。

抽象是数学的特征。数学家在抽象时，十分注重敢于舍弃非本质的东西，只保留本质的、共同的特性。数学抽象的结果往往变成了理想的对象，在现实世界中并不存在。那么，这种抽象有什么好处呢？我们说，数学正因为有着高度的抽象性，所以才有了应用的广泛性。

有个相声里曾说："一个进水管……两个出水管……又要进，又要出，这不是吃饱了撑的？！"其实，这是不懂数学的抽象性。如果换成水库和大坝的场景，进水管就是上游来水，出水管就是大坝的排水口，题目不就有了现实意义吗？也有人说："鸡兔同笼，有谁看到农村的大爷大妈把鸡和兔子关在一个笼子里的？"这又是不懂数学的话语了。如果把动物的头数改成玩具车的笼头数，动物的脚数改成玩具车的轮子数，问：这些笼头和轮子可以装配成几辆两轮的玩具自行车和几辆四轮的玩具货车？这不也有现实应用价值了吗？

我们要是从"进水管和出水管""鸡兔同笼"等问题中提炼出一个数学模型，就会发现其适用范围大着呢！这真的是吃饱了撑的吗？

16 “每一个”和“有一个”

有一天，八戒溜进了饭店，买了一份荤菜，他迫不及待地拿到手里一看，找不到几根肉丝。于是八戒和店小二论理：“我买的是荤菜，可你看，这是豆腐干，这是青菜，这是土豆……找不到几根肉丝。这还号称荤菜？你们损不损啊！”

“什么是素菜，什么是荤菜，你懂吗？”小二振振有词地说，“哪怕只有一根肉丝，这个菜也是荤的。”

八戒被他说得哑口无言。好，我们从逻辑上研究一下素菜和荤菜的问题。

什么是素菜？什么是荤菜？定义的方式是不一样的。如果每一样原料都是素的，那么烧出来的菜肴是素菜。这要求挺高的：要“每一样”原料怎样怎样。而荤菜呢？只要“有一样”原料是荤的，那烧出来的菜肴就是荤菜了，并不要求每一样原料都是荤的。因此，八戒买的菜里有几根肉丝，从荤菜的定义来说，确实算是荤菜了。当然，从商业道德角度说，应该另当别论。

我们在数学里常常遇到“每一个”和“有一个”这两个词。譬如：

- “每一个”内角都是锐角的三角形叫锐角三角形；
- “有一个”内角是钝角的三角形就叫钝角三角形——用不着“每一个”内角都是钝角（当然，也做不到）。

我们把每一个对象都满足某种性质的命题叫“全称命题”，把只要有一个对象满足某种性质的命题叫“特称命题”（或“存在命

题”)。两类情况的例子都很多:

- 圆周上每(任)一个点到圆心的距离都等于半径;
- 每一个实数的绝对值都非负。

是全称命题。而

- 有一个点到三角形三个顶点的距离相等;
- 给出实数 $a, b\ (a<b)$,有一个实数 K,满足 $a<K<b$。

是特称命题。

“每一个”和“有一个”这种词叫逻辑量词,弄清这两个词,对学好数学有着重要的意义。到了高中阶段,特别是到了大学阶段,你将对此有更深刻的体会。

每一个

在中小学数学里,全称命题和特称命题都以语言的形式呈现。汉语变化多端,因此,我们要清楚全称量词的语言特征。除了用“每一个”外,常用的全称量词还有“所有的”“任一个”“凡”等表示,并常与副词“都”联用;有时还干脆把全称量词省略了,如“对顶角都相等”,即“每一对对顶角都相等”。

全称命题有什么性质呢?全称命题的基本性质是:既然对“每一个”对象都有某种性质,那么,当然对其中的一个对象也有这样的性质。也就是一般可以推出特殊。这也是三段论的基础。有个经典的例子说:

- 人总要死的;

- 张三是人；
- 所以张三是要死的。

这就是一般推出特殊的例子。

那么，如果要证明一个全称命题为真，用什么办法呢？主要有两种思路。

(1) **完全归纳法**。如果把所有情况都逐一证明了，那当然“每一个”对象都会“怎样怎样”了。这也就是枚举法。在遇到和自然数相关的命题时，可以用数学归纳法。

(2) **通例法**。这其实是我们用得最多的方法。譬如，要证明“三角形内角和等于 180°”，三角形千千万万，数量无穷无尽，我们不可能对“每一个”三角形都进行证明。于是，我们改为对“任一个”三角形进行证明。怎么理解“任一个”三角形呢？当我们画出一个三角形之后，其实，它总是一个具体的三角形，比如其边长分别为 2、3、4 或 3、4、5……但在证明时，我们不能用这些具体性质，否则就不能算“任一个”三角形了。在不利用三角形具体性质的情况下，如果证得其内角和等于 180°，那么我们就可以说，“任一个”三角形的内角和等于 180°，进一步可以说，“每一个”三角形的内角和等于 180°。

在指定的范围中挑出一个具有充分代表性的对象，我们称之为“通例”，然后证明它有某种性质，于是相关的全称命题就得证了。

有一个

我们先讨论一下特称命题的语言特征。除了“有一个”外，常用的有“有”和“至少有一个”，以及“存在着”“存在一个”“至少存在一个”。值得注意的是，“有”“有一个”“至少有一个”这三种提法是同义的，仅仅是在语气上有差别。同样，“存在着”“存在一个”“至少存在一个”也是同义的。

比起全称命题来，特称命题（存在命题）似乎更难懂一些，但在数学中，我们还真遇到过不少这样的问题。要证明一个存在命题，主要有三种思路。

思路一：构造法。把符合要求的元素找出来。

例 1　证明：在任意两个实数 a, b（$a<b$）之间至少存在一个实数。

证明：取

$$c=\frac{a+b}{2}$$

则

$$c=\frac{a+b}{2}<\frac{b+b}{2}=b$$

$$c=\frac{a+b}{2}>\frac{a+a}{2}=a$$

$$\therefore\ a<c<b$$

实际上，这里构造了平均数，并证明了这个平均数介于 a 和 b 之间。我们把符合要求的对象构造出来了，存在命题就得证了。用这个方法还可以证明两个实数之间有无限多个实数，如果你感兴趣，可以试试。

例 2　判断下列命题的真假：存在 x，y 的值，使

$$\cos(x+y)=\cos x\cos y+\sin x\sin y$$

成立。

解（构造性的证法）：令 $x=y=0$，

$$左=\cos 0=1$$

$$右=1\times 1+0\times 0=1$$

$$左=右$$

所以所给命题为真。

很多同学会做错，是因为他们想当然地认为，书上的三角公式（加法定理）是这样的：

$$\cos(x+y)=\cos x\cos y-\sin x\sin y$$

公式里等式右边是减法，而题目里是加法，于是确定原式为假。错啦！本题是由某年的高考题改编的，当时的错误率高得令人吃惊。

其实，作为公式，就要对“每一对”角 x, y 都成立。但是，本题并不要求对每一对 x, y 成立，而仅仅是问：“有没有”一对 x, y，使得这个式子成立？这个式子对于每一对 x, y 都正确，那是确实做不到，但找到一对使之正确，还是很容易的。你把量词理解错了，就会把这道题做错。可见量词的重要性，当然也可以看出，有些同学对量词的理解不足。

构造法的难处在于，你要怎么构造出来这个对象？它是怎么“平白无故”产生的？一般来说，我们可以直接从已知条件推出它；有时，也可以先假定它存在，然后找它所满足的要求，最终把它找出来。

在例 3 中，我们就是先假定这个对象存在，然后找出它满足的要求，最终把它构造出来。

例 3　如图 16.1，抛物线 $y=x^2-2x-3$ 和 x 轴交于 A 和 B 两点（点 A 在点 B 左侧），与 y 轴交于 C，顶点是 M。线段 BM 上是否存在 N，使 $\triangle NMC$ 是等腰三角形？若存在，请求出点 N 的坐标；若不存在，请说明理由。

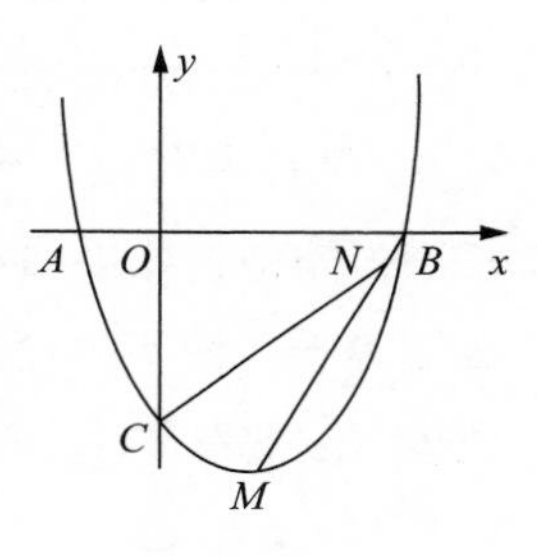

图　16.1

解： 由题意可得: $A(-1, 0), B(3, 0), C(0, -3), M(1, -4)$，$MB$ 的方程是 $y=2x-6$。

假定符合题意的点 N 存在，使 $\triangle NMC$ 是等腰三角形。因为 N 在 MB 上，不妨设 N 的坐标是 $(m, 2m-6)$。利用两点距离公式，可得 $CM^2=2$，于是

$$CN^2= m^2+\left[3-(6-2m)\right]^2$$

$$MN^2= (m-1)^2+\left[4-(6-2m)\right]^2$$

$\triangle NMC$ 是等腰三角形的情况有三种可能，在一一讨论之后，得 $N_1(\frac{7}{5}, -\frac{16}{5})$，$N_2(1+\frac{\sqrt{10}}{5}, \frac{2\sqrt{10}}{5}-4)$，$N_3(2, -2)$。

经检验，这三点都符合要求。也就是说，存在点 N，使 $\triangle NMC$ 是等腰三角形。

思路二：非构造法。存在命题的构造法好是好啊，符合条件的对象清清楚楚……但要找出符合条件的对象，可不容易。非构造法的特点是，能够证明符合条件的对象肯定是存在的，但究竟是哪一个？不清楚。

非构造法往往要依靠一些所谓的“存在定理”。譬如，一元二次方程的根的判别式就可以被视为实数根的存在定理：如果 Δ 大于 0，那肯定有两个不相等的实数根，但究竟是怎样的两个根？不知道；同样，如果 Δ 等于 0，那肯定有两个相等的实数根，但实数根等于几？不清楚……顺便说一下，从这个角度来说，求根公式也可以被看作根存在的构造性的证法。

例 4　已知方程 $x^2-(2k+1)x+4(k-\frac{1}{2})=0$，$k$ 是实数，求证：这个方程总有实数根。

分析：就是要证明有一个实数，满足这个方程。

证明：$\Delta=\left[-(2k+1)\right]^2-4\times1\times4(k-\frac{1}{2})=(2k-3)^2\geqslant0$

所以，该方程总有实数根。但实数根是几？不知道。这就是非构造法。

我们在初中阶段还会用到的存在定理主要有抽屉原则和平均值原理等，本书将另行叙述。除了一元二次方程的根的判别法之外，还有一些特定的判别方法也可以证明“存在”，当然也都是一些非构造性的方法。

“过直线外一点可以作一条直线和这条直线平行。”这句话可以翻译成：“在过直线外一点的众多直线中，存在一条直线和原来的直线平行。”这样一翻译，存在定理的面貌就“昭然若揭”了。

如果$f(a)<0$，$f(b)>0$，则必定存在k（$a<k<b$），使得$f(k)=0$成立。这叫“零值定理”，但是严格说，其中的$f(x)$应是连续函数。这也是存在的特定判别方法。

例 5　已知 $a+b+c=\frac{1}{a}+\frac{1}{b}+\frac{1}{c}=1$，求证：$a, b, c$ 中至少有一个等于 1。

证明：由

$$\frac{1}{a}+\frac{1}{b}+\frac{1}{c}=1$$

得

$$abc-ab-ac-bc=0 \tag{1}$$

而

$$a+b+c=1 \tag{2}$$

两式相加，可得

$$(a-1)(b-1)(c-1)=0$$

根据符号原理，$(a-1)$, $(b-1)$ 和 $(c-1)$ 中至少有一个是 0，即 a, b, c 中至少有一个等于 1。这是非构造法，符号原理也是特定的方法。

构造性和非构造性方法各有利弊。构造性的方法是把活生生的例子找出来，令人信服。但构造出一个例子来，往往不是十分容易的事情。非构造性的方法则相反，方法灵活多样，相对来说比较容易，但总令人感到有点儿遗憾——拿不出实实在在的例子来。

在解决问题的时候，我们常常分两步走，如研究解高次方程，常常先做定性研究，就是用非构造法确定根的存在性；然后再定量研究——找根，这是构造法。从定性到定量，这可能是科学研究的一般思路。

然而，从定性到构造出满足条件的对象，这一步往往是最难的。大数学家高斯早在 19 岁的时候就证明了正 $2^{2^n}+1$ 边形可以用尺规作出。也就是说，

当 $n=0$ 时，$2^{2^n}+1=3$，

当 $n=1$ 时，$2^{2^n}+1=5$，

当 $n=2$ 时，$2^{2^n}+1=17$，

当 $n=3$ 时，$2^{2^n}+1=257$，

当 $n=4$ 时，$2^{2^n}+1=65\ 537$

……

正三边形、正五边形、正十七边形、正 257 边形、正 65 537 边形，都可以作出来。当时，人们除了正三角形和正五边形之外都不会画，而高斯找到了正十七边形（$n=2$ 的情形）的作法。正 257 边形（$n=3$ 的情形）和正 65 537 边形（$n=4$ 的情形）的尺规作图方法肯定存在，但高斯没有找到。几十年后的 1832 年，德国数学家弗雷德里希 · J. 里什洛（Friedrich J. Richelot）用尺规作图作出了正 257 边形，他的作法竟写成了 80 页的一本书。又过了几十年，德

国数学家约翰·古斯塔夫·赫尔梅斯（Johann Gustav Hermes）花了 10 年工夫，作出了正 65 537 边形，他的手稿装满了一箱子。这算是数学史上的一段佳话了。可见，从确定存在到构造出来，有时真的不容易啊。

思路三：反证法。我们将在后文讨论。

17　一致性命题

一次，快乐三兄弟张三、李四和王五一起听了一场有四位“偶像”齐聚一堂的激动人心的演唱会。散场后，他们兴高采烈地议论着。

“真过瘾！**有一个节目是人人都喜欢的**。”张三归纳出一句话。

“对，张三说得一点儿没错，我们**人人都喜欢一个节目**。”李四附和说。

过了一阵子，王五恍然大悟地说：“你们两个人说的不是一回事儿啊！”

张三也反应过来了，说：“是啊，李四说的意思和我说的不一样！”

你觉得他们两个人说的是不是同一个意思呢？这两句话中都提到了“×× 节目”和“喜欢 ××”，而且都挺拗口的，绝对拗口。你被弄糊涂了吗？我们仔细想想就会发现，这两种说法的确说的不是一回事儿。

现在，演出者包括阿友、华仔、明明和小郭 4 位偶像，他们各有各的一个节目；观众有张三、李四和王五这 3 位。张三的意思是：在 4 个节目中，有一个节目，比如说是华仔的节目吧，是 3 位观众都喜欢的，即

张三喜欢华仔，
李四喜欢华仔，

王五喜欢华仔。

注意：所有人都喜欢其中同一个节目，至于这个节目究竟是哪一个？其实张三并没有说清楚。

而李四说的是“我们人人都喜欢一个节目”。比如说，

张三喜欢阿友的节目，
李四喜欢阿友的节目，
王五喜欢华仔的节目。

人人都喜欢其中一个节目，但注意了：每人喜欢的节目可以是不一样的。

所以，张三和李四说的不是一回事儿。你听懂了吗？其差别在于：前者有一个共同的节目是为大家所“**一致**”喜欢的；而后者虽然人人都喜欢一个节目，但各有所爱，是“随人而变”的。前者称为“一致性命题”，后者称为“随变性命题”。能区别这两者，对于学好数学也至关重要，它们的特点如下。

(1) 这两种命题都涉及两类对象，如上例中涉及了“节目”和“观众”两类对象。
(2) 这两类对象从数量上看是不同的，节目是“有一个”，观众是“人人”，也就是“每一个”。整个命题是逻辑量词“每一个”和“有一个”在重叠使用。
(3) 对于这两种命题来说，顺序很重要。在张三的话里，“有一个节目”在前，“每一个听众”在后（有一个节目人人都喜欢）；在李四的话里，“每一个听众”在前，“有一个节目”在后（人人都喜欢某一个节目）。顺序不同，意思就不

一样。

汉语变化多端，一句话常常可以正着说，也可以反着说、倒着说，这里说的是一种逻辑上的顺序。由于变化太多，我们在判断一个命题是一致性命题还是随变性命题时，一个比较好的方法就是先把语句按逻辑上的顺序调整。

一致性命题和随变性命题这两个名词，大家可能是第一次听到，但是在数学里，我们其实经常遇到它们。这两个概念的影响力极大，同学们将来读大学可能要学高等数学，而高等数学的第一关就是极限。你会发现，好多同学“垮”了，甚至挂科了……其中不乏在中学里数学考试经常考高分的人呢。为什么会这样？因为他们不适应高等数学的严密性。说得更明确些，他们可能不适应逻辑语言，特别是，不懂逻辑量词的含义和一致性命题的含义。在中学，大家虽然遇到过“每一个”“有一个”这两个量词，但仅是一带而过，一下子要你们两个词连用，当然让人倍感困难了。因此，不能责怪这些突然感到困难的同学。

我们细细体会课本里的某些知识，它们中其实有很多地方是与一致性命题和随变性命题有关的。比如下面两句话：

- 对于任意的非零实数 x，都存在着一个实数 y，有 $xy=1$；
- 有一个实数 y，对于任意的实数 x，都有 $xy=0$。

两句话的意思是不是类似？其实截然不同。

前者是说，你给出一个非零实数，比如 2，就有另一个实数 $\frac{1}{2}$，使得 $2\times\frac{1}{2}=1$；给出 $\frac{2}{5}$，就有另一个实数 $\frac{5}{2}$，使得 $\frac{2}{5}\times\frac{5}{2}=1$……总之，对任意非零实数 x 都有另一个实数，使得 $xy=1$。其实 y 就是

x 的倒数。注意，这个 y 随着 x 取值的不同而不同。这个命题是随变性命题。

而后者是说，有一个实数 y，它神通广大，对于任何一个实数 x，譬如 $x=5$，都与 y 的积等于 0，如果 $x=8$，与 y 的积也等于 0……这个神通广大的实数 y 就是 0 啊，所以它才能“以不变应万变”。这个命题是一致性命题。

再比如，比较这两个例子：

- “有一个数，它是所有正整数的因数”，这是一个一致性命题，这里说的是数 1；
- “所有正整数至少都有一个因数”，这就是一个随变性命题，正整数不同，其因数也不同。

在一致性命题和随变性命题中，一致性命题更引人注目。数学里的特殊值法、待定系数法、定值问题和定位问题等都和它有关。我们就来具体看看。

特殊值法

要想知道某个海域的海水咸不咸，你只要舀一点儿海水尝尝就行了。这就是人们常说的，从一滴水看大海。

如果这一滴水的含盐浓度是 $x\%$，那么可以说，整个海域的海水的含盐浓度都是 $x\%$。一滴滴海水可以被看作一个个个体，大海则被看作一个整体。怎么就从个体看出整体的情况了？这不是从特殊到一般了吗？岂不怪哉！

其实，这里面有个要求，就是认为这片海域的含盐浓度都是相同的。用数学的话、逻辑的话来说，就是：存在一个数 $k\%$，不管哪一滴海水，它的含盐浓度都是 $k\%$。在这个前提下，从一滴水的含盐浓度，就可以知道整个海域的含盐浓度了。这就是一滴水看大海。看出来了吗？原来这就是一致性命题。它是特殊值法的前提条件。

大家知道，解选择题有个方法叫特殊值法。但是你未必知道，特殊值法一般都是因为遇到了一个一致性命题。

例 1　a, b, c 是一个直角三角形的两条直角边和斜边，下列结论成立的是（　　）。

(A) $a^3+b^3>c^3$　(B) $a^3+b^3<c^3$　(C) $a^3+b^3=c^3$　(D) $a^3+b^3\geqslant c^3$

分析：这里面隐含了一个一致性命题，即存在一个关系式（四个选项中的某一个），不管 a, b, c 的值是多少（当然它们要符合勾股定理），这个关系式总成立。于是可以考虑用特殊值法。

解：令 $a=3$, $b=4$, $c=5$，此时，

$$a^3+b^3=27+64=91$$

解得 $c^3=125$，$91<125$，所以应该选 B。

待定系数法

例 2　将分式 $\dfrac{1}{x(x+1)}$ 分拆成两项。

分析：由于分母是 x 和 $(x+1)$ 的积，很容易想到，将该分式分拆为分母分别是 x 和 $(x+1)$ 的两个分式的和。

解：设 $\dfrac{1}{x(x+1)}=\dfrac{a}{x}+\dfrac{b}{x+1}$，

则

$$\begin{aligned}&\frac{1}{x(x+1)}\\=&\frac{a(x+1)+bx}{x(x+1)}\\=&\frac{(a+b)x+a}{x(x+1)}\end{aligned}$$

这是恒等式，但其中 a 和 b 的值尚未确定。于是令 $x=1$，得

$$\frac{1}{1\times 2}=\frac{(a+b)\times 1+a}{1\times 2}$$

$$2a+b=1$$

再令 $x=2$，得

$$\frac{1}{2\times 3}=\frac{(a+b)\times 2+a}{2\times 3}$$

化简得

$$3a+2b=1$$

解得 $a=1$，$b=-1$，所以有

$$\frac{1}{x(x+1)}=\frac{1}{x}-\frac{1}{x+1}$$

看到了吗？待定系数法和一致性命题有关，这里就有一个一致性命题“存在一组数 a, b，对任何 x，式子 $\dfrac{1}{x(x+1)}=\dfrac{a}{x}+\dfrac{b}{x+1}$ 都成

立”，作为保证。

定值问题和条件求值问题

定值问题是典型的一致性命题。

例 3　已知 $\frac{1}{a}+\frac{1}{b}+\frac{1}{c}=1$，求证：$\frac{b+c}{a}+\frac{c+a}{b}+\frac{a+b}{c}-a-b-c$ 是定值。

分析： 题目的意思是，存在一个数值 A，对于每一个符合题设条件的数组 a, b, c，式子 $\frac{b+c}{a}+\frac{c+a}{b}+\frac{a+b}{c}-a-b-c$ 的值总等于 A。这是一致性命题。

定值问题的解法有多种，其中有一个叫作“探求法”，即先探求定值是几，一旦定值探求出来，接下去的问题就把原先的问题转化为一般的证明题。

既然不论 a, b, c 是怎样的数（当然它们要满足题设条件 $\frac{1}{a}+\frac{1}{b}+\frac{1}{c}=1$），式子 $\frac{b+c}{a}+\frac{c+a}{b}+\frac{a+b}{c}-a-b-c$ 的值总是某个定值，那么取 $a=3, b=3, c=3$（满足题设条件 $\frac{1}{a}+\frac{1}{b}+\frac{1}{c}=1$），于是，式子 $\frac{b+c}{a}+\frac{c+a}{b}+\frac{a+b}{c}-a-b-c$ 的值也应该是个定值。于是定值 A 就可以探求得到了。

解： 令 $a=3, b=3, c=3$（满足题设条件 $\frac{1}{a}+\frac{1}{b}+\frac{1}{c}=1$），得

$$\frac{b+c}{a}+\frac{c+a}{b}+\frac{a+b}{c}-a-b-c=-3$$

于是原题转化为:“已知 $\frac{1}{a}+\frac{1}{b}+\frac{1}{c}=1$，求证：$\frac{b+c}{a}+\frac{c+a}{b}+\frac{a+b}{c}-a-b-c=-3$。”因为

$$
\begin{aligned}
&\frac{b+c}{a}+\frac{c+a}{b}+\frac{a+b}{c}-a-b-c\\
=&\ \frac{a+b+c}{a}+\frac{b+c+a}{b}+\frac{a+b+c}{c}-a-b-c-3\\
=&\ (a+b+c)\left(\frac{1}{a}+\frac{1}{b}+\frac{1}{c}\right)-(a+b+c)-3\\
=&\ (a+b+c)-(a+b+c)-3\\
=&\ -3
\end{aligned}
$$

所以 $\frac{b+c}{a}+\frac{c+a}{b}+\frac{a+b}{c}-a-b-c$ 有定值。

探求法只是将原题转化，本题中原式被转化为目标更清楚的式子，这对解题有一定帮助，但转化后，你还是得证明。

本题也可以直接解，就是直接对 $\frac{b+c}{a}+\frac{c+a}{b}+\frac{a+b}{c}-a-b-c$ 进行计算，如果在最后结果中 a, b, c 都没有出现，那就说明式子的结果和它们无关，计算结果就是那个定值。

和某些定值问题相关的是条件求值题。比如，可将例 3 改为:

例 3-1　已知 $\frac{1}{a}+\frac{1}{b}+\frac{1}{c}=1$，求：$\frac{b+c}{a}+\frac{c+a}{b}+\frac{a+b}{c}-a-b-c$ 的值。

这就是一道条件求值题了。我们在前面已经对条件求值的解题模块进行过比较透彻的讨论，大家自己练练手就可以了。我现在只想进一步指出，条件求值题一般是一致性命题。

定位问题

在几何和函数问题中，我们有时会遇到所谓的定位问题：当某个因素变动时，和它相关的某个图形或图像（的位置）保持不变。

例 4　求证：抛物线 $y=-\frac{1}{2}x^2-(k+1)x-2k(k<0)$ 过定点。

分析：这个问题也涉及了一致性命题：存在一个点，对于每一个 k（对应着每一个抛物线）来说，这些抛物线都经过这个点。下面我们用探求法解。

解：令 $k=-1$，得

$$y=-\frac{1}{2}x^2+2$$

再令 $k=0$，得

$$y=-\frac{1}{2}x^2-x$$

画出这两条抛物线的大致图像，就会发现它们的交点是 $(-2, 0)$。如果这些抛物线过定点，那么该定点应该是 $(-2, 0)$。于是，将 $(-2, 0)$ 代入原题抛物线解析式的右边：

$$-\frac{1}{2}x^2-(k+1)x-2k=-2+2(k+1)-2k=0$$

说明数值适合抛物线的解析式，因而点 $(-2, 0)$ 就在这些抛物线（不管 k 等于几）上。

一致性命题在数学中用处甚大。用一致性命题的观点看问题，不但可以看得比较深刻，而且在解题时，头脑也很清醒。一致性命题实在是中学数学学习中的一个瑰宝。一致性命题这个提法，是我在 20 世纪 90 年代受了数学分析中一致连续、一致收敛的概念的启发后提出来的，可惜很多同学和老师至今都不够重视。

18 “不”“不都”“都不”

快乐三兄弟张三、李四和王五又一起去看演出了。这次的节目是现代舞和芭蕾舞。演出结束后，三位发表“高见”了。

“这些节目都不好看，看得我打瞌睡。”张三说。

“是的，我也认为这些节目不都好看。”李四说。

王五琢磨了一会儿说：“李四，你不要‘捣糨糊’，什么就跟着‘是的’‘是的’，你们两个的看法不是一样的。”

亲爱的读者，你认为张三和李四的看法相同吗？

张三说的“都不”好看，意思是：

- 现代舞不好看；
- 芭蕾舞也不好看。

李四说的“不都”好看又是什么意思呢？可能是这样的情况：

- 现代舞好看；
- 芭蕾舞不好看。

或者是：

- 现代舞不好看；
- 芭蕾舞好看。

当然，事实也可能是，有人甚至觉得：

- 现代舞不好看；

- 芭蕾舞也不好看。

你说，张三和李四说的是一样的吗？“都不”“不都”两个词其实是不同的。在学数学的时候，我们也经常遇到“都不”和“不都”两个词。这两个词的意思常常让一些同学的脑子晕了，值得我们重视。且让我们慢慢道来。

不

先看“不”字。“不”字谁不懂啊！在逻辑上，它和命题的否定有关：

如果两个命题 P、Q 的真假情况相反，那么就称 P 是 Q 的否定，Q 是 P 的否定。

例如，张三是中国人（P），张三不是中国人（Q），互为否定。

否定简单命题是很容易的：只要改变判断词的性质，如“有”改成“没有”，“是”改成“不是”，就可以了，反之亦然。

需要注意的是，“命题的否定”和命题四种形式里的“否命题”不是一回事儿！任何命题都有它的否定，而否命题专指命题四种形式里的一种。

“且”和“或”

“2 既是正数，又是整数。”这是一个命题，而且是“2 是正数”和“2 是整数”组成的复合命题，两者是用连接词“既……又……”连接的。其实，这就是用“且”“与”连接的命题。我们把它改写成如下形式：

2 是正数**且** 2 是整数 (1)

我们通俗地把它叫作“与命题”或“且命题”（逻辑上叫“合取命题”或“联言命题”）

在自然语言中，表达且命题的逻辑连接词通常有：如表示并列关系的“……和……”“既……又……”“不但……而且……”“一方面……另一方面……”，表示转折关系的“虽然……但是……”[①]，等等。

特别地，像“2 是正数”“3 是正数”这样两个子命题复合而成的且命题，两个子命题的主词（2 和 3）是不同的，但谓词（是正数）是相同的，这个命题就可以浓缩成

2 和 3 **都**是正数 (2)

注意，这里出现了一个副词“都”，它和本章标题有关。先要懂得“都”，然后才能弄懂“都不”和“不都”。

凡是命题就有真假，复合命题也有真假。复合命题的真假是由组成它的子命题决定的。且命题为真的要求很高：当其两个子命题都为真的时候，它才为真，换句话说，只要有一个子命题为假，且命题就是假的了。因为“2 是正数”和“2 是整数”都是真的，所以不难理解且命题 (1) 是真的。

---

① 转折关系主要体现在语气上，其实表达的也是同时存在的情况，因此在逻辑中，转折句中的前后两句（两个子命题）也可以用“且”连接。比如，“虽然芭蕾舞好看，但是现代舞不好看”（语气上有转折的意思），其中“芭蕾舞好看”和“现代舞不好看”这两个判断就可用“且”连接，变为“芭蕾舞好看且现代舞不好看”，即为“且命题”。

如果我们把两个子命题记作 P 和 Q 的话，那么它们组成的且命题可以记作“P 且 Q”。列表展现它们之间的真假关系，这个表就叫“真值表”（表 18.1）。

表 18.1

P	**Q**	**P 且 Q**
真	**真**	**真**
真	假	假
假	**真**	假
假	假	假

下面讨论另一种复合命题——或命题。

“2 是正数”“2 是无理数”，这两个命题用“或”字联系起来，成了

2 是正数**或** 2 是无理数 (3)

也可以写成

2 是正数**或**无理数 (4)

我们通俗地把它称为“或命题”（逻辑上叫“析取命题”或“选言命题”）。在自然语言中，可以用“或者”“或者……或者……”等词连接。

或命题的真假也由它的子命题的真假决定。或命题为真的要求不高：只要两个子命题中有一个是真的，整个复合命题就为真了，换句话说，要两个子命题都为假，或命题才是假的。上面的或命

题 (3) 是真还是假？当然是真的！因为第一个子命题“2 是正数”是真的。虽然第二个子命题“2 是无理数”是假的，但子命题有一个为真就够了。一般地，或命题有以下真值表（表 18.2）。

表 18.2

P	***Q***	***P* 或 *Q***
真	**真**	**真**
真	假	**真**
假	**真**	**真**
假	假	假

且命题和或命题，这两种复合命题的区别，大家要注意分清楚。

例 1　用“且”或“或”填空：

(1) $a^2+b^2=0$，则 $a=0$______$b=0$；

(2) $ab=0$，则 $a=0$______$b=0$。

解：(1) 两个数的平方和等于 0，那么 a, b 不可能是别的数，只能都是 0；反过来，a, b 两个数都是 0，才有 $a^2+b^2=0$，所以应该填“且”字。

(2) 此处不需要 a, b 都是 0，只要其中一个数是 0 就可以了，所以应该填“或”字。

且命题的否定

例 2　写出命题“2 是质数又是偶数”的否定。

解析： 此命题可看作由两个命题“2 是质数”“2 是偶数”用“且”连接而成。那么，其否定是不是“2 不是质数又不是偶数”呢？不是，且命题的否定要求反而没这么高，只要否定一个子命题就够了，所以

2 是质数**且** 2 是偶数　　(5)

的否定是

2 不是质数**或** 2 不是偶数　　(6)

且命题的否定规律是：**两个子命题先否定，然后用‘或’连接**。由此我们得到一个公式：

“P 且 Q”的否定 =“P 的否定”或“Q 的否定”

那么，“2 是正数且 3 是正数”的否定又是怎样的命题？ 2、3 和正数的关系有以下四种情形（表 18.3）。

表　18.3

第一种情形	2 是正数	3 是正数	2 是正数**且** 3 是正数 （即 2 和 3 **都**是正数）
第二种情形	2 是正数	3 不是正数	2 是正数**且** 3 不是正数
第三种情形	2 不是正数	3 是正数	2 不是正数**且** 3 是正数
第四种情形	2 不是正数	3 不是正数	2 不是正数**且** 3 不是正数 （即 2 和 3 **都不**是正数）

表中第一种情形可以用“都”字连接：“2 是正数**且** 3 是正数”即“2 和 3 **都**是正数”。它的否定应该是它的反面，即应该是第二、三、四种情形，这三种情形，合起来可以说成是“2 和 3 **不都**是正数”。

而其中第四种情形比较特殊，“2 不是正数**且** 3 不是正数”，即“2 和 3 **都不**是正数”。

至此，你弄懂“都不”和“不都”的区别了吗？它们是两码事！再强调一下：第一种情形是“都”；除了第一种情形，第二、第三和第四种情形，是“不都”，而其中“都不”仅用于第四种情形。

回过头去看，快乐三兄弟“不都”是才子，他们中有人是糊涂虫啊，哈哈！

从另一个角度分析，从分析结果来看，“P 且 Q”的**否定**就是“P 的否定”或“Q 的否定”。“2 是正数且 3 是正数”的第一个命题“2 是正数”的否定是“2 不是正数”，第二个命题“3 是正数”的否定是“3 不是正数”，因此，将所得的两个否定用“或”连起来，才是答案：

2 不是正数**或** 3 不是正数

或命题的否定

或命题的否定又是怎样的呢？

“P 或 Q”的否定 =“P 的否定”且“Q 的否定”

从操作上看，“P 或 Q”的否定就是先把 P 和 Q 各自否定，然后用“且”连接起来。

全称命题的否定

全称命题其实可以被看作且命题的扩充。譬如，我们在奇数的范围里讨论，先说“1 的平方是奇数”，再说“3 的平方是奇数”“5 的平方是奇数”……从且命题的角度看，可以说成

1 的平方是奇数**且** 3 的平方是奇数**且** 5 的平方是奇数……

实际上还可以说成

每一个奇数的平方**都**是奇数

注意，这里又出现了“都”字了。而这一命题的否定当然可以说成

每一个奇数的平方**不都**是奇数

根据或命题的否定规律，上面的命题的否定还可以是

1 的平方不是奇数**或** 3 的平方不是奇数**或** 5 的平方不是奇数……

实际上，就是

（至少）有一个奇数的平方不是奇数

于是全称命题的否定公式

“**每一个** A **都是** B”的否定 =“有一个 A **不是** B”

也就是说，在操作时，**先把“每一个”改成“有一个”，再把谓词加以否定，由“是”改成“不是”**。

真有意思，全称命题的否定是特称命题。

这样一来，要证明一个全称命题为假，我们只要找出一个**反例**就可以了。例如，非递增的数列是什么意义呢？递增数列的意义是：对于每一个 n，都有后项大于前项，即 $a_n < a_{n+1}$ 这一性质。因此，这是一个全称命题，它的否定，即非递增数列，又是什么意思呢？根据全称命题的否定公式，有

“每一个 n，都有 $a_n < a_{n+1}$”的否定
=“有一个 n，使得 $a_n < a_{n+1}$ 不成立”
=“有一个 n，使得 $a_n \geqslant a_{n+1}$”

也就是说，只要找到有某两个相邻的项（比如第 20 项和第 21 项），其中后项不大于前项，就行了！不需要保证每相邻两项都要后项不大于前项。

记住，用自然语言表达的话，全称命题“每一个 x‘都’有性质 P”其实有两种说法：

- 每一个 x **不都**有性质 P（但此处不能用“都不”）；
- **有一个** x 没有性质 P。

特称命题的否定

特称命题可以视为或命题的扩充。譬如我们在正整数范围里讨论，“2 的平方是偶数”或“3 的平方是偶数”或“4 的平方是偶数”……那么就是一个特称命题：

有一个正整数的平方是偶数

它的否定应该是

2 的平方不是偶数**且** 3 的平方不是偶数**且** 4 的平方不是偶数……

可见这个特称命题的否定是

每一个正整数的平方**都**不是偶数

有以下公式：

“有一个 A **是** B” 的否定 = “每一个 A **都不是** B”

真有意思，特称命题的否定是全称命题。

不少高中同学在学立体几何中的异面直线时，常常想不通一个问题。异面直线的定义是：

不在同一平面内的两条直线叫异面直线

有的同学却认为是：

分别在两个平面里的直线叫异面直线

其实这个理解是不正确的。按此理解，那么有

一个房间相对两面墙上的两条直线就是异面直线

这当然是错误的。尽管在相对的两面墙上，但是这两条直线仍然有可能是平行的！

异面直线的定义很特别，它是一个否定句：“×× 不在 ××。”也就是说，**不存在**一个平面，使得两条异面直线都在这个平面内。

我们先来看

存在一个平面 α，直线 l_1 在 α 上**且** l_2 在 α 上

它的否定应该是

对于任一个平面 α，直线 l_1 不在 α 上**或** l_2 不在 α 上

这才是异面直线的意义。

用自然语言表达的话，**特称命题**“有一个 x，有性质 P”的否定有两种说法：

- 每一个 x，都没有性质 P；
- 有一个 x，没有性质 P。

最后看一个例子。

例 3　从 A、B、C、D、E、F 这 6 个人中选 3 人，

(1) A 和 B 都选入；

(2) A 和 B 都不选入；

(3) A 和 B 不都选入。

各有几种选法？

解：

(1) 既然 A 和 B 都选入，那么只能从余下 4 人中选 1 人，所以有 $C_4^1=4$ 种选法。

(2) 既然 A 和 B 都不选入，那么只能从余下 4 人中选 3 人，所

以有 $C_4^3=4$ 种选法。

(3) A 和 B 不都选入，包括三种情形。

第一种，A 不选入而 B 选入。由于 A 不选入，因此只有 5 个候选人，而 B 又必须选入，那么从剩下的 4 个候选人中再选 2 人即可，有 $C_4^2=6$ 种选法。

第二种，A 选入而 B 不选入，和第一种类似，有 $C_4^2=6$ 种选法。

第三种，A 和 B 都不选入，那只能从余下 4 人中选 3 人，有 $C_4^3=4$ 种选法。

合起来有 $C_4^2+C_4^2+C_4^3=16$ 种选法。其实第 (3) 问还可以从“反面扣除”的角度来解，因为它恰好是第 (1) 问的否定，因此有 $C_6^3-C_4^1=20-4=16$ 种。

“都不”和“不都”是不一样的，大家搞清楚了吗？

19 咬文嚼字

公元前 46 年，罗马的首席执政官、著名的凯撒大帝颁布了改历令。这部新历法后来被称为“儒略历”——儒略是凯撒的名字。凯撒的改历令中规定：每隔三年置一个闰年。这个意思很明确，连续三年安排为平年之后，第四年要安排为闰年，以此类推。可惜，对这样一句话，偏偏有人理解错了，并引起了一个大错误。

宣布改历的次年，凯撒被刺身亡。管理历法的僧侣们把“每隔三年置一个闰年”误解为“每三年置一个闰年”，也就是说，连续两年安排为平年之后，第三年就要安排为闰年。时间一年年地过去，到了公元前 9 年，竟多安排了三个闰年。当然，历法与实际的天文现象出现了很大的差距。

错误被反映到当年的统治者奥古斯都那里，奥古斯都决定恢复“每隔三年置一个闰年”的规定。但是，由于前一阶段已经多安排了三个闰年，还得纠正这一错误造成的后果。所以，奥古斯都同时宣布从公元前 8 年到公元 4 年，这 12 年中不再安排闰年，以便让儒略历能准确地执行下去。

你看，由于理解错了“每隔……年”和“每……年”的意义，就造成了一个历史性错误，后果有多严重啊！而“每隔……年”和“每……年”正是算术和代数中经常碰到的词。可见，数学中有些词是不能弄错的。

下面看个例子。

设 $y=\frac{x}{3}$，则 $x=3y$，$x-3=3(y-1)$，于是

$$x^2-9=9y^2-9=9(y^2-1) \tag{1}$$

因为 $x-3=3(y-1)$，所以有 $3(x-3)=9(y-1)$；又因为 (1) 式的右边 $9(y^2-1)$ 能被 $9(y-1)$ 整除，即能被 $3(x-3)$ 整除，所以 (1) 式的左边 x^2-9 能被 $3(x-3)$ 整除。此时，如果令 $x=4$，则 7 被 3 整除。

……奇怪了，7 竟然是 3 的倍数了！怎么搞的？原来，这里把“多项式的整除”和“数的整除”两个概念弄混了：“x^2-9 能被 $3(x-3)$ 整除”是指多项式的整除；而“7 被 3 整除”，说的是整数的整除。两者名称类似，但意义不同。

再如，下面的排列组合题：

从 4 名男生和 3 名女生中选出 3 人，分别从事三项不同的工作，若这三人中至少有 1 名女生，那么有几种选派方案？

有同学认为，“至少有 1 名女生”是“多于 1 名女生”，即“2 名女生”或“3 名女生”，于是认为选派方案有

$$(C_4^1C_3^2+C_3^3) \text{ 种}$$

也有同学认为“至少有 1 名女生”的反面是“至多 1 名女生”，即全排的情况减去“1 名女生”“0 名女生”的情况，于是认为选派方案有

$$(C_7^3-C_4^3-C_4^2C_3^1) \text{ 种}$$

其实，“至少有 1 名女生”的意思是“有 1 名”“有 2 名”或“有 3 名”，它的反面是“有 0 名女生（即没有女生参加）”。理解错了，就答错了。

赵宪初先生曾说：“不少数学教师责怪学生没有学好语文，也责怪语文老师没有教好语文，以致学生因语文方面的障碍而影响了数学学习。其实，责怪学生、责怪语文教师都是没有道理的。语文教师只教语文的一般知识，而数学里的词和句，有它们自己的特点，语文教师是教不了的。根据数学的特点，讲一点儿语文知识，是我们数学教师责无旁贷的分内事。”

赵老还说：“学数学，有时就是要咬文嚼字！”

咬文嚼字？这有时候不是贬义词吗？难道学数学也要咬文嚼字、死记硬背不成？这话着实有点儿奇怪。但仔细一想，不无道理。

当年，我有幸聆听赵老的这番讲话，开始了关于数学中的语言问题的研究。我和一些青年教师曾经做过关于数学中的语言的千人调查（包括初中和高中学生）。调查发现，学生的数学成绩和本次语言测试成绩是有一定的相关性的：初三学生成绩的相关系数为0.5664，高三学生成绩的相关系数为0.3275。也就是说，初三学生成绩的相关程度高于高三学生。这个结果提示：在初中阶段，学生数学成绩的好坏受语言的影响较大。如果再将初三学生的数学成绩按中位数分成两部分，第一部分是成绩大于等于中位数的学生，第二部分是成绩小于中位数的学生，统计结果是：第一部分的学生数学成绩与本次测试成绩之间没有相关性；第二部分的学生数学成绩与本次测试成绩之间有一定的相关性，相关系数为0.6295。这个结果提示：在初中阶段，数学成绩处于中下等的学生，受到语言的影响较大。也就是说，在初中阶段，数学成绩不好，可能是受到了语言问题的制约。

所以，我们还是要重视数学里特殊的词和句。我们来举例简要整理一下数学中重要的词。

(1) **对象和量**

- 反映对象的指定的：**这（个）、那（个）、另一个、其余、其他、个别。**
- 反映对象数量的（全称量词）：**每一个、任一个、每两个、所有的、全（都）、全部（都）、无论……都……、任何、任意、无数多个。**
- 反映存在性的（特称量词，又称存在量词）：**有、存在、有一个、存在一个、至少有一个、有些。**
- 至多量词：**只有、只有一个、至多有一个。**
- 恰有量词：**有且只有、恰好有一个、可以（画一条）……且只能（画一条）、唯一。**
- 其他：**每两（个）、两两。**

其中，全称量词、特称量词、至多量词和恰有量词都和逻辑有关。

(2) **变化过程、方向、时间**

- 反映变化过程的：**增加、减少、增加到、增加了、扩大、缩小、超过、提前。**
- 反映时间的：**第几（年）、几（年）后、介于、逐（年）、几时、几小时。**
- 反映方向的：**同向、相向、背向、反向（延长）。**

(3) **对象间关系（不包括平行、相等等数学名称）**

- 并列关系：**与、且、既……又……、和。**
- 选择关系：**或、或者……或者……、要么……要么……、可能……可能……、也许……也许、可以……也可以……。**
- 递进关系：**不仅……而且……。**
- 转折关系：**虽然……但是……。**
- 相互关系：**互（互素、互补）、互为、相（相等、相邻、相交、相切）、对（所对的角）、等（等边对等角）、对应、相应、邻（角）。**

其中，并列关系、选择关系和逻辑有关。

(4) **肯定和否定**

- 肯定：**一定、必定、必。**
- 否定：**不、非（负）、并非、都不、不都、既不……也不……。**

其中，肯定、否定和逻辑有关。

(5) **因果和假设关系**

- 说明由 P 推出 Q 的，如

  顺叙：**因为 P 所以 Q、如果 P 那么 Q、若 P 则 Q、当 P 时有 Q 成立、只要有 P 就有 Q。**

  逆叙：**要 Q 成立只要（只需）P（常用于解题分析）、只有 Q 才有（才能）P。**
- 说明 P 和 Q 互推的，如：**当且仅当。**

这些表达都和逻辑有关。

(6) 其他数学常用词（没有专门定义的）

约去、抵消、分成、平均分成、所围成的、占（$\frac{1}{x}$）、一般、同（同角的补角，两边乘以同一个正数）、共（线）、公共（边）、定（值）、确定、唯一确定、可以、可能、不妨、所（夹、对）、连续（x 个偶数）、越来越、越……越……、分别、各自。

(7) 数学专用词的辨析（如分数和分式、垂线和垂线段等）

这些词，除了与逻辑相关的词将在本书相关章节做出说明之外，其他词不可能一一列举、解释，希望同学们在学习中予以特别的关注，经常自己问问自己，是不是都明白了。

20 短语和句

刚参加工作那年，我教初中的几何。学校准备搞一次年级统一的单元测验，一位老教师是教研组长，他负责出试卷。试卷出好之后，他将试卷的初稿给我看，要我提意见。我看了以后，觉得有一道题在文句上有不妥之处，于是就用红笔做了改动。原题大意是这样的：

画出并量出 A, B 两点间的距离。（出题人在题的下方画了几个点，分别标了 A, B, C 等字母。）

众所周知，“画”只能画图形，“量”只能量距离，或者说量长度。题中“A, B 两点间的距离”指的是一个数值，它可以被量出，但不能被画出。“画出距离”用语文的术语来说，这是动宾搭配不当。于是，我将它改为：

画出线段 AB，并量出 A, B 两点间的距离。

第二天，老教师看到我这么一个毛头小伙子竟敢用红笔改他出的试卷，大为光火。我吓得不敢吭声。现在回想起来，我的做法或许冒失，对老教师不够尊重，但是我的意见确实是正确的。当时，我还挺委屈的。

无独有偶，某年全国高考试卷里有这么一道题：

抛物线的方程是 $y^2=2x$，有一个圆，圆心在 x 轴上运动。问这个圆运动到什么位置时，圆与抛物线在交点处的切线互相垂直。

抛物线和圆有两个交点，如图 20.1 中的 A 和 B。在每一个交点处，都可以作圆的切线，也可以作抛物线的切线。譬如在 A 处，可以作圆的切线 AC，以及抛物线的切线 AD；在 B 处可以作圆的切线 BE，以及抛物线的切线 BF。这样一来就涉及了 4 条切线，但究竟是哪两条切线互相垂直呢？

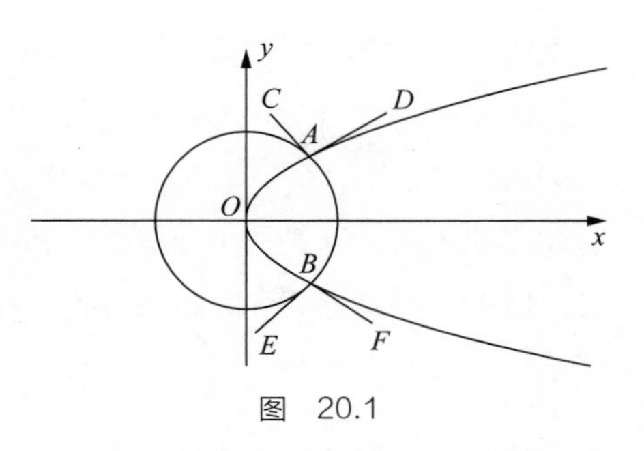

图 20.1

按出题者的本意，应该是在同一个交点处（如 A 处）的圆的切线（AC）和抛物线的切线（AD）互相垂直。但切线不是如图所画的线段，而是直线，它们是可以延长的。据抽样显示，当年有 15% 的考生理解为：“在一个交点处（A）的圆的切线（AC）和另一个交点处（B）的圆的切线（BE）互相垂直，即 $AC \perp BE$；在一个交点处（A）的抛物线的切线（AD）和另一个交点处（B）的抛物线的切线（BF）互相垂直，即 $AD \perp BF$。”一句话，出题者的原意是要求证明 $AC \perp AD$，$BE \perp BF$，而有些考生理解为要求证明 $AC \perp BE$，$AD \perp BF$。应该说，这些考生有这样的理解是无可指责的，因为题目本身有歧义。高考试题都会出现语言问题，别的情况就更不要说了。

种种原因造成的歧义和病句，在数学里还是不少见的。比较典型的一个例子是：“夹在两条平行线之间的距离处处相等。”其实这也是一个病句。这可是数学书上也会出现的句子啊。

如果说夹在平行线之间的距离“处处”相等，那么，这个“夹在平行线之间的距离”就应该有好多个，否则就不必说“处处”相等了。不错，两条平行线之间的公共垂线段（即该垂线段的端点分别落在平行线的两条线）是有很多，正因为有很多，才可以说是“处处”相等的。这些公共垂线段的长度都相等，而我们把这些公共垂线段的长（只有一个长度）叫作这两条平行线之间的距离——这句话很重要，这是一个新概念（“两条平行线之间的距离”）的定义。因此，平行线之间的距离其实只有一个，既然只有一个，就谈不上“处处相等”了。

从语文的角度看，这是偷换概念。但在数学里，常常有概念扩张的情况。同样一个概念（词），先前是这个意思，后来概念扩张了，变成其他的意思了。在这里，“距离”这个概念也扩张了，原来指的是两点之间的长度，后来扩张到点到直线的距离、平行线间的距离。同样说的是“距离”，含义不一样了。

下面我们讨论一下数学里的常用短语和句子。

数学常用的短语

主要有以下三类。

(1) **经过修饰和限制而形成的名词性短语**，如经过点 A 的切线。

(2) **涉序短语**，如两数和的平方，两数平方的和。

(3) **介词结构**（在几何作法中用得尤其多），如

- **几何方面**：取（点 A）、任取、延长……到……、连接、顺次连接、过……作……交于……、使……在……上（内、外、上方）、沿着……、绕……、以……为（圆心）、交……于……、与……交于……。
- **代数方面**：比……大……、除……外。

描述辅助线的作法是几何问题中的一个难点。第一，难在作图，同学们工具使用得不熟练，拿着尺子和圆规，手忙脚乱；第二是很多人不明白，辅助线要满足的要求不能定得过高，也不能过低；第三，如果产生新的点，是要命名的，而学生不敢命名或乱命名；第四，文句组织其实要有格式，如“连接××”“过点 A 作直线 l_1，与直线 l_2 相交于点 B”。特别是第二点，如果辅助线的要求过高，那么这样的辅助线可能根本不存在；如果要求过低，这样的辅助线可以画好多条。这里就是在考查逻辑思维能力。

我自己当教师时，通常采用两种方法让学生们进行练习。第一种方法是，我口述作法，我讲一句，要求学生画一笔；第二种方法是反过来，我在黑板上画一条线，要求学生跟着画，并口述作法。如果在进程中，学生犯了错误，那大家就进行分析。几次练习之后，问题基本就解决了。

数学常用的句

现在，语文课上淡化了语法的教育，很多学生对于数学课本里涉及的语法，几乎要从零开始学习。同学们有机会要多揣摩语法，予以重视。对于句子，主要有以下几方面要求。

首先，理解定理法则语句。在数学里，有定义用的如“叫作”句，有定理常用的如“是”字句，以及“如果……那么……”句，等等，而且长句较多。我特别强调，学生们要分析句子，特别是修饰词（限制词）。

有些句子的总体结构其实不复杂，无非是主语 + 谓语，主语 + 谓语 + 宾语，但如果名词前面有大量的限制词作为定语，甚至是一个句子作为定语（定语副句），那就会让整个句子变得冗长。比如：

等腰三角形两个底角的平分线的交点到底边的两端（的）距离相等。

其中，主语是“距离”，谓语是“相等”，但主语带了一个定语副句：“等腰三角形两个底角的平分线的交点到底边的两端（的）。”碰到这样的句子，同学们可能不理解，甚至在朗读时不会正确地停顿，即不能正确地断句。

再如：

到两定点距离相等的点的轨迹是连接这两点的线段的垂直平分线。

其中，主语是“轨迹”，或者说是“到两定点距离相等的点的轨迹”，谓语是“垂直平分线”，或者说是“是连接这两点的线段的垂直平分线”。我们注意到，主语、谓语都是名词性短语。前者可以分解为：

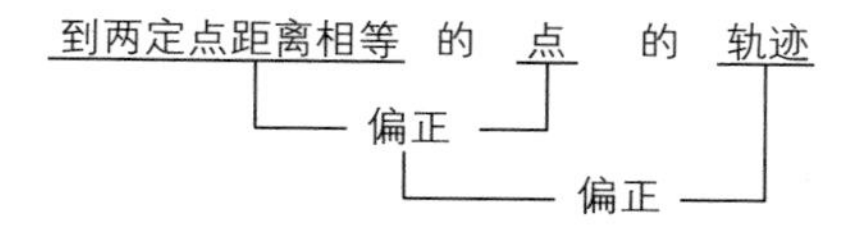

后者可以分解为：

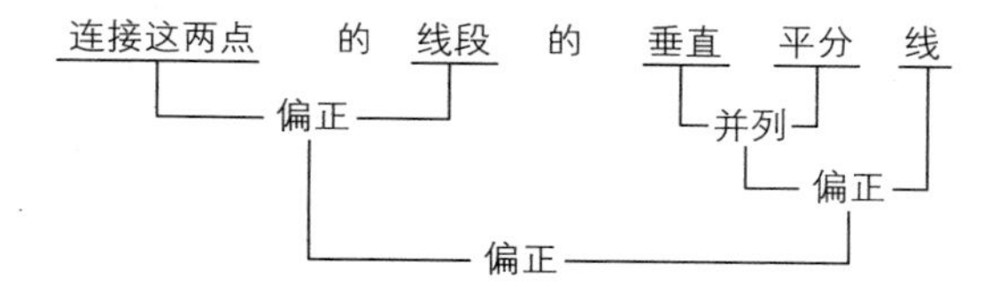

当然，不一定要分解得如此规范，同学们大致能够断句就可以了。

其次，对艰深的语句，同学们最好用自己的语言进行合理的解释。比如：

到线段两端点的距离相等的点，在这条线段的垂直平分线上。

这句话可以解释成：

有个点到某线段两端点的距离相等，那么这个点在该线段的垂直平分线上。

甚至可以把点、线段都具体化：

有个点（P）到某一线段（AB）两端点的距离（PA、PB）相等，那么这个点（P）在线段 AB 的垂直平分线上。

这样做实际上是把“一句”变“两句”：原来是一句，主语是“点”，谓语是“在……的垂直平分线上”，其中，名词“点”和“垂直平分线”前面都有定语或定语副句，都是“定语（副句）+名词”的结构。变成两句的关键是，把“定语（副句）+名词”中的名词提前当作一个句子的主语，变成“名词怎样怎样”。“一句”浓缩、简洁；“两句”虽然不简洁了，但是通俗易懂。

再如：

经过直线外的一点，有且只有一条直线与已知直线平行。

这个命题的语句过于简练，应该先这样叙述：

有一条直线，这条直线外还有一个点，经过这个点，可以画一条直线和原来的直线平行，而且也只可以画一条直线和原来的直线平行。

此外，还可以制造否定句。这不是一件容易的事，主要是因为涉及了逻辑。本书在第 18 章里已经讨论过了。

最后，制造命题四种形式的方法在教材里一般都会涉及，而且会作为重点内容来教，本书也不赘述了。

我建议，同学们在理解的基础上，首先要大胆地用自己的话重新表达数学语句，比如将一句变两句；然后，再回到书中的文句上，并能够正确地断句。也希望老师不要要求学生在表达时一字不差，更不要要求学生死记硬背。

21 反证法与同一法

汉武帝身边有个臣子叫东方朔。东方朔可了不起了，是一个集正义、胆略、机智、幽默于一身的人物。一次，汉武帝说："朕看来也难免一死，不知阴间好不好？"

众大臣听了，都不敢回话。东方朔却站出来说："阴间很好的。"

汉武帝就问："你是怎么知道的？"众臣子为东方朔捏了一把汗。

哪知东方朔不慌不忙地回答："如果阴间不好，那么死者一定会逃回来，但是，谁也没有见过从阴间返回的人啊！"

汉武帝对他无可奈何，众臣子松了一口气。

证明一个命题，有直接证法和间接证法之分。间接证法主要有两种：反证法和同一法。东方朔用的就是反证法。

反证法

反证法常常分为以下几步。

(1) 设欲证的结论不成立，这一步叫反设，或归谬假定。东方朔就是先假定"阴间不好"。

(2) 推理并引出矛盾。东方朔从"如果阴间不好，那么死者一定会逃回来，但是谁也没有见过从阴间返回的人"推出与"阴间不好"的矛盾。

(3) 说明原结论是成立的。所以，东方朔说“阴间很好”。

简单地说，反证法可理解为改证原命题的逆否命题。

反证法比较适宜于下列情形：

- 命题结论以否定形式出现；
- 命题结论涉及无限；
- 命题结论涉及至少、至多；
- 命题结论涉及唯一性。

有一个著名的例子：质数有好多个，但究竟有多少个呢？早在欧几里得的《几何原本》中就已经有了相关证明。

假设质数为有限多个（反设），即 $a_1, a_2, a_3, \cdots, a_n$，共 n 个；然后构造一个新数 N，令 $N=a_1\times a_2\times a_3\times\cdots\times a_n+1$。

于是，有两个明显的结论：第一，N 肯定大于 $a_1, a_2, a_3, \cdots, a_n$ 中的任一个质数；第二，N 肯定不是 $a_1, a_2, a_3, \cdots, a_n$ 中某一个质数的整倍数，因为总会有余数 1。

因为前面已经假定质数总共只有那 n 个，而 N 肯定不是 $a_1, a_2, a_3, \cdots, a_n$ 中的一个，所以 N 应该是一个合数。

既然 N 是合数，那么它应该有一个质因数 m，而 m 肯定是 $a_1, a_2, a_3, \cdots, a_n$ 中的一个。

但 N 不可能是 m 的倍数——这和 m 是 N 的质因数矛盾！

所以，质数有无限多个。

反证法是初学者不容易接受的方法，经常会发生“形反实正”

的情形，也就是说，经常有人在第一步写下归谬假定，但在后文中都没有用到它，而始终利用原来的已知条件往下推，所以，这实质上还是直接证法。我们看一个例子。

例 1　求证：$a^2+b^2\geqslant 2ab$。

证明： 假设 $a^2+b^2<2ab$，则由 $(a-b)^2\geqslant 0$ 可得

$$a^2-2ab+b^2\geqslant 0$$

$$\therefore\ a^2+b^2\geqslant 2ab \tag{1}$$

这与归谬假定发生矛盾，原题得证。

不难看出，(1) 式就是欲证的结论，得到 (1) 式，命题不就得证了？而前面“归谬假定”，再“引出矛盾”，完全是多余的。

同一法

一次，我在绍兴的鲁迅故居游览，遇到几个年轻人议论鲁迅先生。其中一人像突然醒悟了一样说：“原来鲁迅就是周树人，周树人就是鲁迅啊！”这话引得其他几人哈哈大笑，有人说：“你也太孤陋寡闻了吧，周树人是真名，鲁迅是笔名。”

“鲁迅”先生离开我们很久了，难怪有的年轻人不识“周树人”。过去，一个人有名，有字，还可能有号。作家或艺术家除了真名，还给自己起笔名或艺名。在革命时期，很多地下工作者也有化名。一人多名的现象有其道理，但是，这确实给别人带来了一点儿麻烦。

一人多名的现象和我们的数学也有点儿关系。我们知道，在一

般情况下，原命题成立，其逆命题未必成立。比如，

爱因斯坦是科学家

是成立的，但反过来，

科学家是爱因斯坦

就不合理了。但在某些特殊情况下，如果原命题成立的话，那逆命题是一定成立的，例如，

爱因斯坦是相对论的提出者

为真，反过来，

相对论的提出者是爱因斯坦

也是真的。这是因为，“爱因斯坦”和“相对论的提出者”是同一个人，这也是一种“一人多名”现象。

一般来说，假如

S是M

中的S、M所指的事物是唯一的，而此命题又是真的，那么

M是S

一定也是真的。这个原理被称为“同一原理”。

利用同一原理来证明一个命题的方法叫“同一法”。同一法的步骤是这样的：

(1) 欲证S是M，可先构造出M；

(2) 证明“M是S”；

(3) 指出S、M都是唯一的；

(4)“S是M”得证。

不难看出，同一法与反证法一样，都不是直接去证明原来的命题，所以它们都属于间接证法。

例 2　E为正方形$ABCD$内的一点。$\angle ADE=\angle DAE=15°$，求证：$\triangle EBC$为等边三角形（图 21.1）。

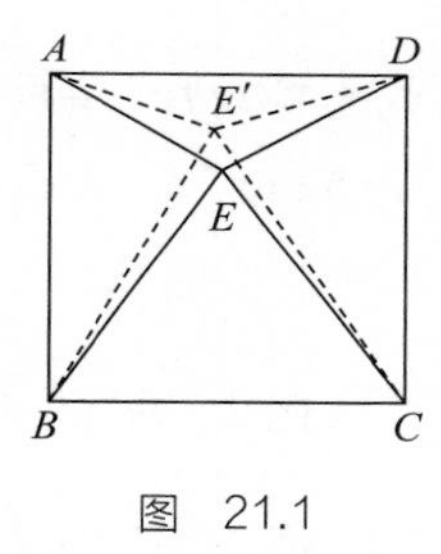

图　21.1

分析：这道题本来不容易证明，但它的逆命题——如果四边形$ABCD$为正方形，$\triangle EBC$为等边三角形，则$\angle ADE=\angle DAE=15°$——可太容易证明了！

如果$\triangle EBC$是等边三角形，那么$EC=BC=CD$，所以$\triangle ECD$是等腰三角形。而$\angle ECB=60°$，所以$\angle ECD=30°$，于是

$$\therefore\ \angle EDC=\frac{180°-30°}{2}=75°$$

$$\therefore\ \angle ADE=15°$$

同理可证$\angle DAE=15°$。

你看，多容易！可是例 2 本身就难证了。已知$\angle ADE=15°$，可得$\angle EDC=75°$，但我们无法知道$\angle DEC$也等于$75°$，所以直接证法难以走下去。不如改用同一法。

证明：以BC为一边，向正方形内作等边三角形$E'BC$。连接

$E'A$ 、$E'D$ 。容易证得

$$\angle E'AD = \angle ADE' = 15°$$

可见，点 E' 满足题目条件。然而，满足题目条件的点是唯一的，所以 E' 与 E 应重合。于是 $\triangle EBC$，即 $\triangle E'BC$ 是等边三角形。

我们当年在平面几何中学过同一法，现在它可能已从教材中被删去了。同一法是不是只能用于平面几何呢？同一法是一种通用的逻辑方法，而不是几何的“专利品”。在代数中，尤其在解析几何中，有时我们也用到了同一法，只是没感觉到而已。

例 3　求证：一元二次方程 $x^2-1=0$ 的根是 1 和 −1。

证明：因为当 $x=1$ 时，

$$x^2-1=1^2-1=0$$

当 $x=-1$ 时，

$$x^2-1=(-1)^2-1=0$$

命题得证。

这是一种别样的证法。其实，按“证明”中所述，只是证明了“1 和 −1 是方程 $x^2-1=0$ 的根”。但是，由于“集合 $\{1,-1\}$ ”和“方程 $x^2-1=0$ 的解集”都是唯一存在的，是符合同一原理的，所以“方程 $x^2-1=0$ 的根是 1 和 −1”也成立。

你看，代数问题实际上也能用同一原理。

例 4　求证：平行四边形的对角线互相平分。

我们用解析法进行证明。

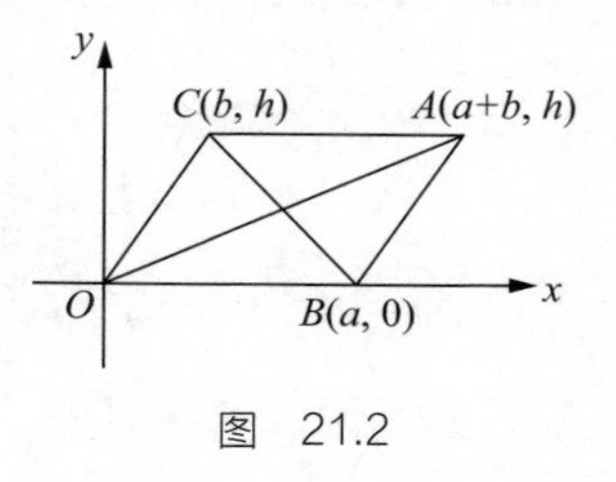

图 21.2

证明：如图 21.2，设平行四边形四个顶点的坐标是 $O(0, 0)$, $B(a, 0)$, $C(b, h)$, $A(a+b, h)$。

可知，线段 OA 的中点坐标是 $\left(\dfrac{a+b}{2}, \dfrac{h}{2}\right)$，而 BC 的中点坐标也是 $\left(\dfrac{a+b}{2}, \dfrac{h}{2}\right)$。所以，$OA$ 的中点与 BC 的中点重合，这说明平行四边形 $OBAC$ 的对角线 OA、BC 互相平分。证毕。

显然，这里也有同一法的思想。这种方法在解析几何中经常被用到，只是我们大多数同学可能没有从同一法的角度去领会。学习，贵在融会贯通啊！

22 比较

一天，大毛爬上凳子，用手比画着自己和妈妈的头顶，高声喊:“妈妈，我比你高!”

妈妈说:“你才几岁，怎么会比妈妈高了?”

“就是我高，就是我高，我比你高!”

面对蛮不讲理的大毛，妈妈哭笑不得。这里，大毛当然错了。妈妈站在地上，而儿子站在凳子上，尽管儿子的头顶超过了妈妈的头顶，但不能说明儿子比妈妈高，因为两个人的“起点”不一样。要比较两个人的高矮，应该让衡量的“起点”一致，也就是让两个人站在同一水平面上。

“比较”是生活、工作中的常用手段，但是，比较也是有原则的。一般来说，如果比较两个事物某个指标的大小，且该指标涉及两个因素，那我们往往要控制其中一个因素，使之相同(如果可以控制的话)，然后再比较另一个因素。在上述例子中，我们要比较的是妈妈和儿子的身高，在比较过程中涉及两个因素:一个是衡量的起点，即两人所站的位置;另一个是衡量的终点，即头顶的位置。终点位置的高度扣除起点位置的高度，才能求得真实的身高。如果不控制起点，妈妈站在地上，而儿子站在凳子上，就无法直接进行比较了。

这个道理很容易明白，数学中也常常用到这一思想。譬如，比较分数的大小涉及了分子和分母。一般来说，当分母不同时，要先把各个分数化为同分母的分数，再进行比较。再如，用量角器量角时，一定要先把角的一条边和量角器的 0° 线重合，再读出角的另一条边所对应的度数。在比较三角函数的大小时，一般也先要将函数名称化为相同，如比较 sin31° 和 cos54° 的大小，就可以把后者的余弦转化为正弦，得

$$\cos 54^\circ = \sin(90^\circ - 54^\circ) = \sin 36^\circ$$

这时函数名称相同了，进行比较就方便了。

简单的知识往往包含着深刻的思想方法。这一思想方法在我们今后的学习和生活中有着巨大的作用。可惜，有的同学习惯于按部就班，习惯于听话，不会深入思考，不会自觉地应用它。比如，他在比较分数的大小时，只总结出几个做题步骤，至于为什么要这么做，却没有弄清楚。

有一次，我去听一节讲幂的大小比较问题的课，老师在课上出了一道小题。

例 1　4^{12} 和 32^5 哪个大？

很多学生不知道怎么办，只知道埋头苦算。我在一旁看得很着急：怎么不会化同底呢？当然，本题通过计算也是可以解决的，只是计算过程十分烦琐。

计算得 $4^{12}=16\ 777\ 216$，$32^5=33\ 554\ 432$，于是可知 $4^{12}<32^5$。

其实，这里不是也有两个因素——底数和指数吗？因此，使底数相同，谁大谁小，立马就可以得出结论。

解： $$4^{12}=(2^2)^{12}=2^{24}$$

$$32^5=(2^5)^5=2^{25}$$

所以得 $4^{12}<32^5$。

面对两个因素，控制其中一个，化为相同，这是比较时常用的思想方法。但控制哪一个因素呢？一般会有通用的原则，如在比较长度时，往往控制起点；在比较分数大小时，常常化同分母。但凡事都有例外。大约在30年前，我在一场数学教育学术会议上听到前辈数学教师蒋省吾讲的一个故事。他说，有一次，老师出了一道关于分数大小排序的题目：

试用小于号将分数 $\frac{4}{6}$，$\frac{2}{5}$，$\frac{1}{3}$，$\frac{2}{9}$，$\frac{2}{11}$ 连接起来。

教师写完板书后，学生们认认真真地在草稿纸上计算。大部分学生根据一般法则，先化同分母，可是 $\frac{4}{6}$，$\frac{2}{5}$，$\frac{1}{3}$，$\frac{2}{9}$，$\frac{2}{11}$ 的分母的最小公倍数是一个很大的数，计算有些复杂。只见一位学生前后左右张望了一会儿，很快露出了得意扬扬的神情，这位同学似乎解出答案了。老师走近发现，他真的第一个解出了正确答案。这位学生平时并不用功，成绩也不怎么样，今天怎么这么快呢？课后，老师把他找到办公室谈话，想问问究竟是怎么回事。

这位同学坦白交代了。他其实有点儿近视，今天忘了戴眼镜，根本看不清黑板上的题目。于是，他想看邻座同学的答案，但邻座同学坚持原则，就是不让他看，他只能看后座同学的。于是，这位同学其实是倒着看题目的：题目中分数的分子本应该在“上面”，在他看来却在“下面”；反之，分母应该在“下面”，在他看来却在“上面”了。他记得，比较分数可以化同分母，就是把“下面”的数化得相同。而在他眼中，“下面”的数是4、2、1、2，2（即原分数的分子），稍加变化，它们就可以转变得相同。之后通过约分，将第一个分数$\frac{4}{6}$转化为$\frac{2}{3}$；通过扩分，将第三个分数$\frac{1}{3}$转化为$\frac{2}{6}$……最终，这 5 个分数变成：

$$\frac{2}{3},\frac{2}{5},\frac{2}{6},\frac{2}{9},\frac{2}{11}$$

这样一来，“下面”的数相同了，只要比较“上面”的数就可以了。接下来，就是这位同学真正“聪明”的地方：他突然发现自己眼里的分数和实际分数正好颠倒了，所以“上面”的数越大，整个分数其实越小！于是，他迅速地排出了正确的大小顺序。

老师很感慨。比较分数大小的基本方法确实是化同分母，但大部分学生都遵循一般法则——先化同分母——其实本题化同分母太麻烦。实际上，这些同学并没有理解“比较”的思想本质。可惜！相反，这位平时成绩不太好的学生却在化同分子，然后通过“分母小的分数反而大”来比较，他能根据具体情况选择合适的方法，值得肯定。用现在的话说，应该点个赞！

这个例子说明，控制两个因素中的一个，使之相同；究竟控制哪一个，虽有一般原则，但有时可以灵活选择。下面的例子也是如此。

例 2　如图 22.1，在梯形 *ABCD* 中，上底是 *AB*，下底是 *DC*，问：$\triangle BCO$ 和 $\triangle CDO$ 哪个面积大？

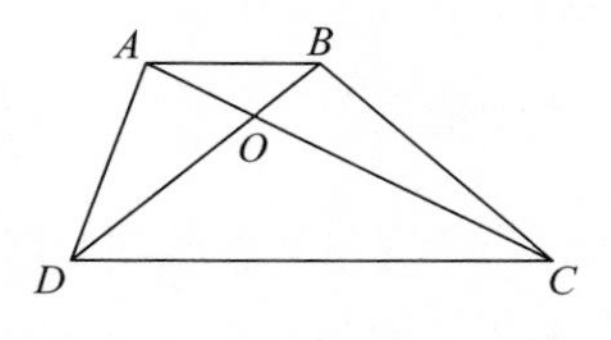

图 22.1

分析：根据三角形的面积公式 $S=\frac{1}{2}bh$，把$\triangle BCO$ 的边 BO 看作底，把$\triangle CDO$ 的边 DO 看作底，

因为两个三角形的高相同，所以只比较底的长度就可以了。

解： $\because \triangle ABO \backsim \triangle CDO$

$$\therefore DO:BO=CD:AB>1，即 DO>BO$$

设 h 为 $\triangle BCO$ 的高，当然它也是 $\triangle CDO$ 的高，

$$S_{\triangle BCO}=\frac{1}{2}BO\times h，S_{\triangle CDO}=\frac{1}{2}DO\times h$$

$$\therefore S_{\triangle BCO}<S_{\triangle CDO}$$

在比较三角形面积的时候，我们遇到更多的是“同底”的情况，而这里恰恰用到了“同高”。

以上，我们主要论述了在比较时，可以利用控制一个因素，使之相同的思想方法。其实在实际工作中，我们也不能太死板，应该灵活运用各种方法。下面再介绍“中间量法”和“基准法”。

例 3　比较 $\frac{6}{11}$ 和 $\frac{54}{111}$ 的大小。

解： 因为 $\frac{6}{11}>\frac{1}{2}$ 且 $\frac{54}{111}<\frac{1}{2}$，所以 $\frac{6}{11}>\frac{54}{111}$。

所谓**中间量**就是介于两者之间的数（量）。把几个数都和中间量比较，有时可以比较出这几个数的大小关系。本题中的 $\frac{1}{2}$ 就是中间量。

中间量的思想在生活中也有应用。譬如，我们想比较甲和乙两个孩子谁更高，但这两个孩子都不在我们身边。甲的妈妈说：“我的孩子乘公交车要买票了。”乙的妈妈说：“我的孩子可能明年也要买票。”那么可以肯定，甲现在比乙高。这里就是用了中间量的思

想。比如，小朋友乘公交车需要买票的身高标准是 1.2 米，这就是中间量。

中间量法也有局限性。中间量应该是比较容易找到的数（量），如果较难找到，譬如分数 $\frac{37}{234}$ 和 $\frac{47}{257}$ 的中间量，就没那么容易确定，那这时候，中间量思想就不方便了。

我们再来看看基准法。

例 4　比较 $\frac{88}{89}$ 和 $\frac{78}{79}$ 的大小。

解： $\frac{88}{89}=1-\frac{1}{89}$，且 $\frac{78}{79}=1-\frac{1}{79}$，因为 $\frac{1}{89}<\frac{1}{79}$，所以 $\frac{88}{89}>\frac{78}{79}$。

大家都和 1 进行比较，且两个分数都小于 1，那么和 1 相差小的分数反而大。其中，“1”就是基准。这就是**基准法**。

除此之外，还有多种灵活的比较方法。我听过一节朱星照老师讲授的比较分数大小的课，很有特色，课上有这么一道题。

例 5　比较 $\frac{8}{15}$ 与 $\frac{12}{25}$ 的大小。

同学们一下子想出了 6 种方法。

方法 1：化为同分子的分数来比较。

方法 2：化为同分母的分数来比较。

方法 3：化为小数来比较。

方法 4：因为 $8\times25=200$ 且 $15\times12=180$，所以 $15\times12<8\times25$，可得 $\frac{12}{25}<\frac{8}{15}$。

方法 5：可以在数轴上将两个分数表示出来，再比较。

方法 6：中间量法，可取中间量 $\frac{1}{2}$。

比较是常见的手段，其方法有基本的，也有灵活的。既要掌握“通法”，又要善于根据具体情况寻找“优法”，这是数学思维，特别是解题思维里的一根“金手指”。

23 化归

话说阿凡提、八戒和武大郎都穿越到了现代，学会了像现代人那样使用煤气。而且，武大郎也不卖烧饼了，喝起咖啡来。他说："我要冲咖啡喝。给你一把空水壶、一盒火柴，请利用自来水龙头和煤气灶烧一壶开水，该怎么做？（这是问题1。）"

八戒说："这最简单不过了，只要：

(1) 打开自来水龙头，把水壶注满水；
(2) 用火柴点燃煤气；
(3) 把水壶放在煤气灶上，把水烧开。

任务完成！"八戒得意地抖抖大耳朵，大家给他点了赞。武大郎提起水壶，准备操作，却发觉水壶里已经有水了。这时候，阿凡提开腔了："慢，我把刚才的问题1改一下：其余条件不变，只是水壶里已经注满了水，要你烧一壶开水，你又该怎么做呢？（这是问题2。）"

八戒说："这更简单了！只要：

(1) 用火柴点燃煤气；
(2) 把水壶放在煤气灶上，把水烧开。"

武大郎说："回答正确，加10分！"八戒更得意了。这时候，阿凡提又开口了，说："我的做法是：把水壶里的水倒掉，问题2就化归为问题1了；而问题1已经解决，所以问题2也解决了。哈哈！"

八戒和武大郎都叫起来："你傻啊，水壶里已经有水了，你干吗要倒掉？”

阿凡提手捋着胡子，眯起眼睛，只是笑着说：“这你们就不懂了。”

这个像笑话又不是笑话的故事，是根据郑毓信教授的文章改写的。你听了之后有什么感觉？你可能会说：“阿凡提简直是傻瓜，书呆子！把已经注满水的水壶倒空，还说把问题 2 化归为问题 1。但是，在解决问题 1 时，他不还得把水壶注满水？这不就更麻烦了吗？”

不错，讲究经济实用，这是工程师思考问题的特征；数学家，特别是纯数学家，颇有“大将风度”——理论上已经解决的问题，在细节上不必纠缠！或者说，技术上的改进是以后的事情。我这里可没有贬低工程师的意思啊，也没有全盘肯定数学家的意思！我只是想说，化归实实在在是数学家思考问题的重要特征。

使用化归法时，常是把一个未知的或者难的问题，通过某种手段转化为另一个已知的或者容易的问题，这分别叫作化归的**熟化原则**和**简化原则**。

可以说，数学中处处有化归。下面我们举几个例子。

例 1　求解方程组

$$\begin{cases}\sqrt{x-1}+\sqrt{y-1}=2 & (1)\\ x+y=4 & (2)\end{cases}$$

解：将 (2) 式变形为

$$(x-1)+(y-1)=2 \quad (3)$$

令 $u=\sqrt{x-1}$，$v=\sqrt{y-1}$，则

$$\begin{cases}u+v=2 & (4)\\ u^2+v^2=2 & (5)\end{cases}$$

计算 $(4)^2-(5)$，得

$$uv=1 \tag{6}$$

由 (4) 式和 (6) 式可知，u、v 是一元二次方程

$$z^2-2z+1=0 \tag{7}$$

的两个根。解 (7) 式，得

$$z_1=1\text{，}\ z_2=1$$

$$\therefore u=1\text{，}\ v=1$$

$$\therefore \sqrt{x-1}=1\text{，}\ \sqrt{y-1}=1$$

解得

$$\begin{cases}x=2\\ y=2\end{cases}$$

这个例子就是通过换元的手段，把未知的、难的问题（原方程组是无理方程组）化归为已知的、容易的问题（由 (4) 式和 (6) 式组成的方程组）。

例 2　已知 $\triangle ABC$ 的边 $BC=5$，$\angle B=30^\circ$，$AB-AC=2$，求作 $\triangle ABC$。

分析： 设想 $\triangle ABC$ 已经作出了，于是在 AB 上截取 AD，使 $AD=AC$，

$BD=2$。这样一来，在$\triangle DBC$中，$BC=5$，$BD=2$，$\angle B=30°$是可以作出来的。所以，我们可以先作出$\triangle BDC$，再画$\triangle ABC$。

作法：

1. 作$\triangle DBC$，使$\angle B=30°$，$BC=5$，$BD=2$。

2. 作DC的垂直平分线，与BD延长线交于A，连接AC，$\triangle ABC$即为所求（图 23.1）。

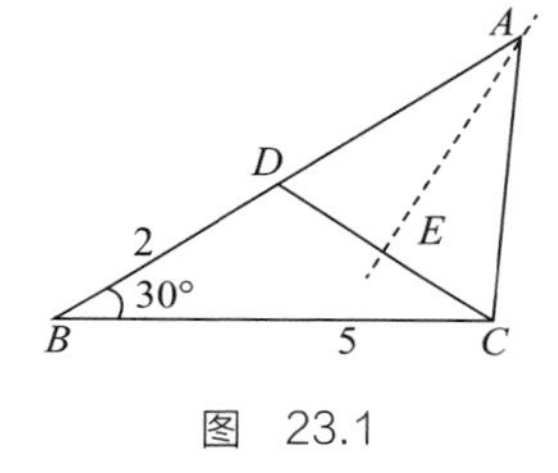

图 23.1

证明：设DC的垂直平分线与DC交于E。显然有

$$\triangle ADE \cong \triangle ACE$$

$$\therefore AD=AC$$

即

$$AB-AC=AB-AD=BD=2$$

同时不难知道$BC=5$，$\angle B=30°$。可见，$\triangle ABC$符合要求。

这个例子是把作$\triangle ABC$的问题化归为我们已经会解的“已知两边一夹角求作三角形”的问题。

例 3　有人在图 23.2 中所画的小路上行走，当他从 A 处走到 B 处时，一共走了多少米？假设小路宽度都是 1 米。

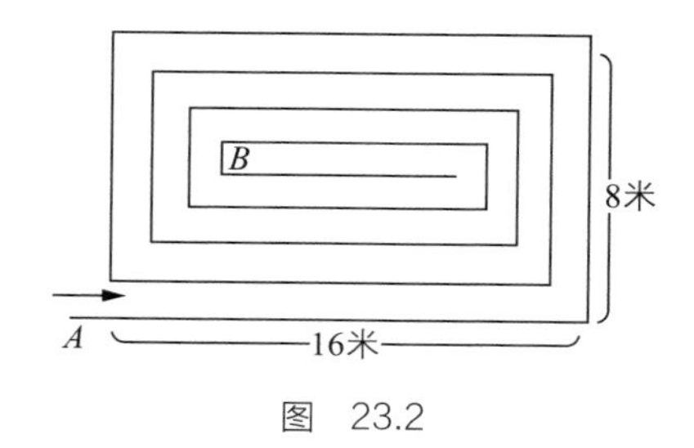

图 23.2

这是《美国数学月刊》上

的一道题。当南京师大附中的老校长、数学特级教师马明看到这道题时，电视里正在转播一场排球比赛。赛场上，运动员们挥汗如雨。在休息时，服务人员用宽阔而扁平的拖把把地板上的汗迹擦干净。马明老师灵机一动，他想，如果这个扁平的拖把的宽度为 1 米，那位行人就是服务人员，他带着扁平的拖把沿着小路往前推进，那么，行人走遍小路，就相当于用拖把把整个场地拖了个遍。而每拖 1 平方米面积的场地，相当于行人前进了 1 米。整个场地的面积为 $8\times16=128$ 平方米，所以，行人在小路上从 A 走到 B，共行进了 128 米。

你看，把长度问题巧妙地化归为面积问题，免去了烦琐的计算。

例 4　如图 23.3，以 Rt△*ABC* 的两条直角边 *AC*, *BC* 为边在三角形外作正方形 *ACDE* 和正方形 *BCFG*，*AG*, *BE* 分别与 *BC*, *AC* 交于点 *N*, *M*。求证：*CM*=*CN*。

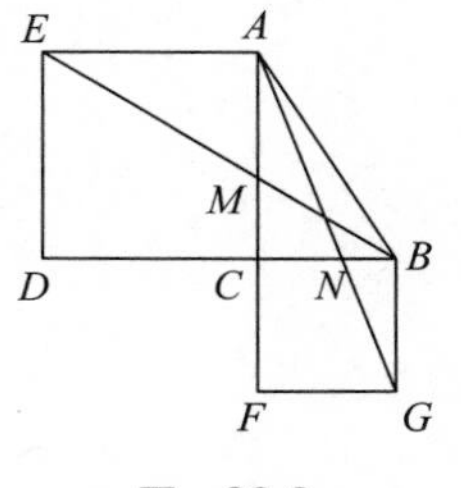

图　23.3

证明：设正方形 $ACDE$ 和正方形 $BCFG$ 的边长分别为 a, b，

$$\because AC /\!/ ED$$

$$\therefore \frac{MC}{ED}=\frac{BC}{BD}$$

即

$$MC=\frac{ED\cdot BC}{BD}=\frac{ab}{a+b}$$

同理可得

$$CN=\frac{FG\cdot AC}{AF}=\frac{ab}{a+b}$$

$$\therefore\ CM=CN$$

我们把几何证明题转化成简洁的代数计算题。

例 5　如图 23.4，若 $0<a<1$，$0<b<1$，

证明：$\sqrt{a^2+b^2}+\sqrt{(1-a)^2+b^2}+\sqrt{a^2+(1-b)^2}+\sqrt{(1-a)^2+(1-b)^2}\geqslant 2\sqrt{2}$。

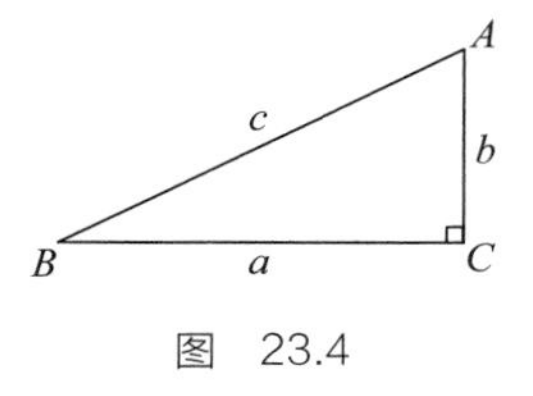

图　23.4

分析：在平面几何中，勾股定理告诉我们，直角三角形两条直角边长度的平方和等于斜边长度的平方。如图 23.4 所示，在 Rt△ABC 中，直角边 $BC=a$，$AC=b$，斜边 $AB=c$，得

$$a^2+b^2=c^2$$

或者

$$c=\sqrt{a^2+b^2}$$

勾股定理的表达式与求证的式子何等相似，由此可想到用勾股定理来证。也就是将代数问题化归为几何问题。

证明：设四边形 $ABCD$ 是正方形，且 $AB=BC=CD=DA=1$（图 23.5），所以对角线

$$AC=\sqrt{AB^2+BC^2}=\sqrt{2}$$

同理 $BD=\sqrt{2}$，可得

$$AC+BD=2\sqrt{2}$$

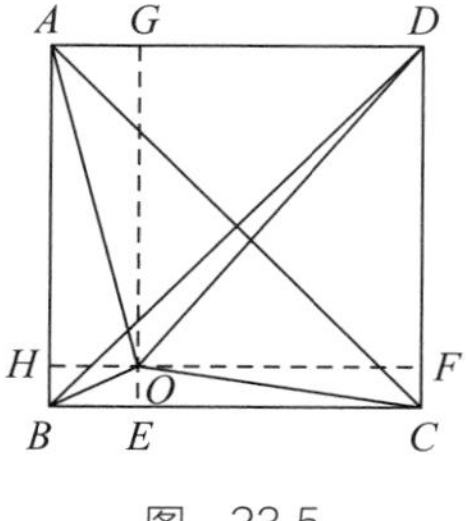

图　23.5

在正方形 $ABCD$ 内部任取一点 O，过点 O 作 $GE \perp BC$ 于 E，且交 AD 于点 G；作 $HF \perp AB$ 于 H，且交 DC 于点 F。

设 $AG=HO=BE=a(0<a<1)$，$GD=OF=EC=1-a$，$AH=GO=DF=b(0<b<1)$，$HB=OE=FC=1-b$。因此，在 Rt△AGO 中，

$$OA=\sqrt{AG^2+GO^2}=\sqrt{a^2+b^2}$$

在 Rt△OEC 中，

$$OC=\sqrt{EC^2+OE^2}=\sqrt{(1-a)^2+(1-b)^2}$$

$$\because\ OA+OC \geqslant AC$$

$$\therefore\ \sqrt{a^2+b^2}+\sqrt{(1-a)^2+(1-b)^2} \geqslant \sqrt{2} \tag{1}$$

又 ∵ 在 Rt△OEB 中，

$$OB=\sqrt{BE^2+OE^2}=\sqrt{a^2+(1-b)^2}$$

在 Rt△OGD 中，

$$OD=\sqrt{GD^2+GO^2}=\sqrt{(1-a)^2+b^2}$$

$$\because\ OB+OD \geqslant BD$$

$$\therefore\ \sqrt{a^2+(1-b)^2}+\sqrt{(1-a)^2+b^2} \geqslant \sqrt{2} \tag{2}$$

将 (1)(2) 两式相加，得：

$$\sqrt{a^2+b^2}+\sqrt{(1-a)^2+b^2}+\sqrt{a^2+(1-b)^2}+\sqrt{(1-a)^2+(1-b)^2} \geqslant 2\sqrt{2}$$

本题的解法是将代数题化归为几何题。

数学中还经常把某一个系统化归为另一个系统。例如，通过坐标法，把点化归为数对，把直线化归为二元一次方程，把圆、椭圆、双曲线和抛物线等图形都化归为二元二次方程。这样一来，几何问题化归为代数问题，实现了两大系统间的化归。著名数学家、数学方法论专家徐利治教授对此研究多年，提出了“关系映射反演方法”。

24 割补

1978 年，在我国组织的一次数学竞赛中，有一道题涉及了面积计算。华罗庚还特地对这道题的出题背景撰文，做了说明。他说:“一块四边形的土地，要丈量它的面积，在解放前，北方地主是用两组对边中点连线长度的乘积作为面积，而南方地主是用两组对边边长的平均值的乘积作为面积。实际上，北方地主和南方地主的量法都把土地面积量大了。”那么，为什么用地主的算法，测量面积总是大于真实面积呢？我们可以自己动手，做手工实验一下。

- 把一个四边形沿对边中点连线划成 4 块，4 块小面积分别名为“人”“民”“万”“岁”(图 24.1a)，标记四边形的 4 个角为 A, B, C, D，各边中点为 E, F, G, H。
- 先把右下方的“岁”字块绕点 G 旋转，因为 G 是 CD 的中点，所以绕过去之后，点 C 和点 D 会重合；同样，把左上方的“人”字块绕点 H 旋转，点 A 和点 D 会重合(图 24.1b 和图 24.1c)。
- 最后，把左下方的“万”字块移动到图 24.1c 的右上角。最终把 4 块又重新拼在一起(图 24.1d)，而重新拼得的图形肯定是一个平行四边形。这个平行四边形的边长就是原先四边形的对边中点连线的长度。

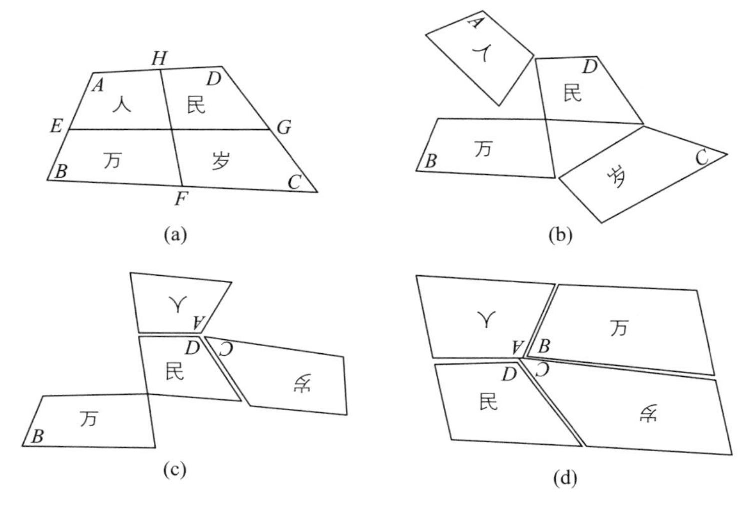

图 24.1

把平行四边形一组邻边的长度的积，作为平行四边形的面积，这种算法是不对的，而且结果会总是大于或等于平行四边形的真实面积。当然，用对边中点连线的长度的乘积作为四边形的面积也是不对的，而且结果总是大于或等于四边形的真实面积。这就说明了，北方地主的计算方法的确把土地面积量大了。

至于南方地主的算法，可用图 24.2 来说明。图中的图形是在原四边形 $ABCD$ 的右边拼上一个同样的四边形（转个方向）$CDEF$ 得到的。HG 和 DC 交于 J。不难看出，GJH 一是条直线，四边形 $AGHE$ 是平行四边形，所以 $AE=GH$ 。而 $AD+BC=$

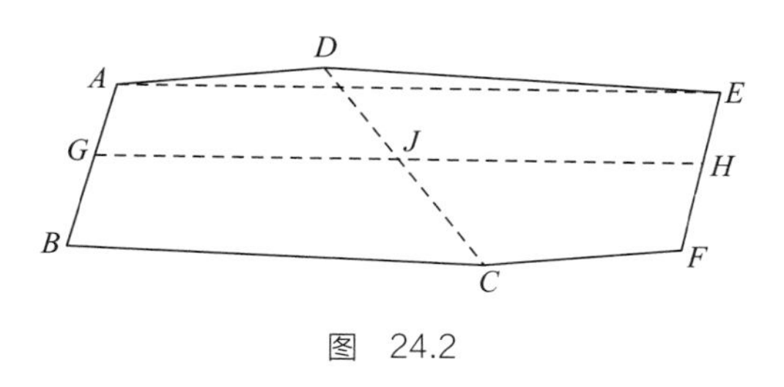

图 24.2

$AD+DE$，由“三角形内两边之和大于第三边”这一定理可知

$$AD+DE>AE$$

即

$$AD+BC>GH$$

$$\frac{AD+BC}{2}>GJ$$

这说明，一组对边边长的平均值大于另一组对边中点的连线的长度。可见，南方地主的面积计算法（用两组对边边长的平均值的乘积作为四边形面积）比北方地主的算法（用两组对边中点连线的长度的乘积作为四边形面积）误差更大。

以上证明用的是割补法。如图 24.1，先把四边形割成 4 块，然后重新拼成一个图形，过程就特别明显了。

勾股定理有很多证法，其中采用割补法的证明占了很大比例。我国古代的证法，如“青朱出入图”就是采用割补法的证明典范。

现代数学已经证明，任意两个面积相等的简单多边形，将其中一个分割成有限份之后，可以拼接成另一个多边形。

例 1　如图 24.3，E 是正方形 $ABCD$ 的边 AD 上的一点，BF 平分 $\angle EBC$ 交 CD 于 F，求证：$BE=AE+CF$。

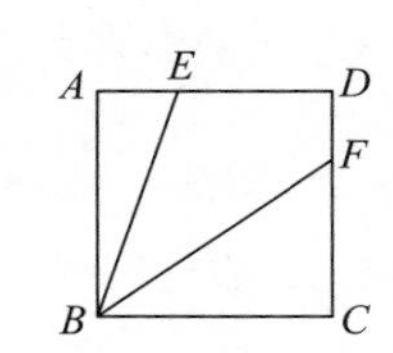

图 24.3

分析： 可以将$\triangle ABE$绕着点 B 旋转到$\triangle BCG$ 的位置（图 24.4）——可以被看成“割补”，这样，AE 就被“补”到 CG

的位置，且 $BE=BG$。因此，要证明 $BE=AE+CF$，只需证明 $BG=CG+CF$，即 $BG=GF$。可以比较容易证得$\angle FBG=\angle FBA=\angle BFG$，借此得到 $BG=GF$。

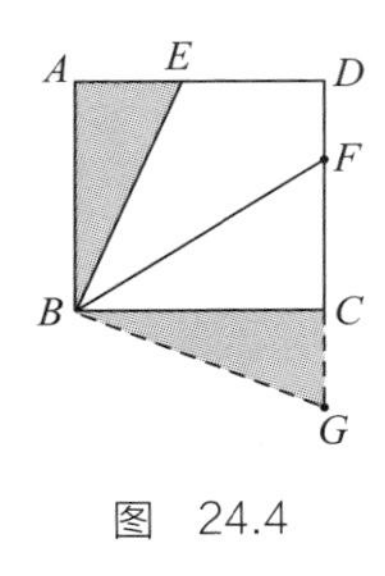

图 24.4

证明： 延长 DC 到 G，使 $CG=AE$，连接 BG。因为

$$AB=BC, \angle A=\angle BCG, AE=CG$$

所以$\triangle BAE \cong \triangle BCG$，可得

$$\angle ABE=\angle CBG，BE=BG$$

因为 BF 平分$\angle EBC$，所以$\angle FBE=\angle CBF$，得到

$$\angle ABE+\angle FBE=\angle CBG+\angle CBF$$

即$\angle FBG=\angle FBA$。又因为$\angle FBA=\angle BFG$，所以$\angle FBG=\angle BFG$，得到 $BG=GF$，所以

$$BE=GF=CG+CF=AE+CF$$

例 2　如图 24.5，分别以正方形 $ABCD$ 的边 AB, AD 为直径画半圆，若正方形的边长为 a，求阴影部分的面积。

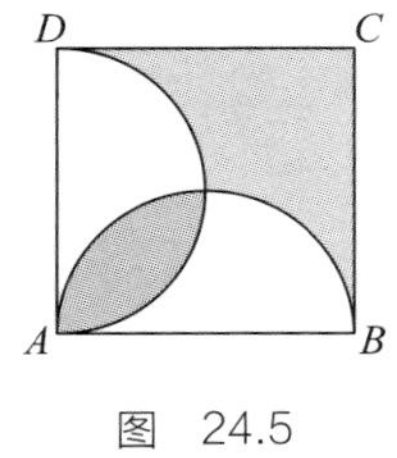

图 24.5

分析： 实际上，所求阴影部分可分成两块，左下部分如橄榄，右上部分像蝴蝶——都是不规则图形，所以，我们必须设法割补，得到一个自己熟悉的图形。

解： 作对角线 AC，将左下部分的橄榄形平分成两个弓形。把它们分别补到右上方的蝴蝶形那里，这样就拼成了等腰 Rt△BDC（图 24.6）。

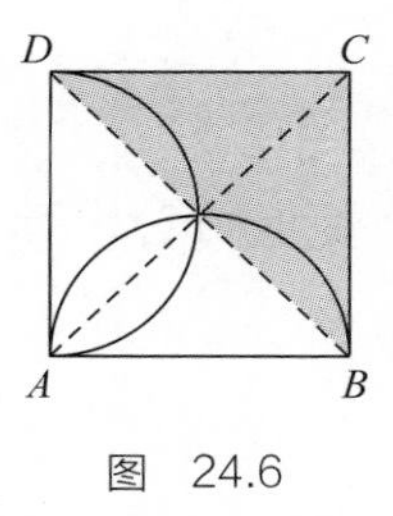

图 24.6

已知 $BC=CD=a$，所以 $S_{\triangle BDC}=\frac{a^2}{2}$。于是，原题阴影部分的面积是 $\frac{a^2}{2}$。

不仅图形可以割补，代数中也可以。我们在小学一年级计算 $7+5$ 时，不就可以这样算吗：

$$\begin{aligned}7+5&=7+(3+2)\\&=(7+3)+2\\&=12\end{aligned}$$

实际上，这就是从 5 中割出 3，再补到 7 那边去，凑成 10。你看，这不是也用到了割补思想吗？

例 3 计算 $\frac{1}{1\times3}+\frac{1}{3\times5}+\frac{1}{5\times7}+\cdots+\frac{1}{99\times101}$。

分析： 要把每一个分数计算出来，再相加，这个工作量可不得了——得另想他法。每一个分数的分子都是 1，分母是两个数的乘积。不知大家记不记得，我们在学分数加减法的时候，两个异分母的分数相加减，首先要通分，而得到的公分母，有时就是两个分母的乘积。

现在，这些分数的分母恰恰是乘积的形式，那么，有没有可能将一个分数看成两个分数的和差呢？

解： 先看 $\frac{1}{1\times3}$，它可能是两个分数的和差，这两个分数的分母一个是 1，另一个是 3。不妨设想

$$\frac{1}{1\times3}=\frac{?}{1}-\frac{?}{3}$$

经过尝试，不难知道

$$\frac{1}{1\times3}=\frac{1}{2}\left(\frac{1}{1}-\frac{1}{3}\right)$$

同理，可以将$\frac{1}{3\times5}$和$\frac{1}{5\times7}$进行分解，于是有

原式

$$=\frac{1}{2}\left(\frac{1}{1}-\frac{1}{3}\right)+\frac{1}{2}\left(\frac{1}{3}-\frac{1}{5}\right)+\frac{1}{2}\left(\frac{1}{5}-\frac{1}{7}\right)+\cdots+\frac{1}{2}\left(\frac{1}{99}-\frac{1}{101}\right)$$
$$=\frac{1}{2}\left(\frac{1}{1}-\frac{1}{3}+\frac{1}{3}-\frac{1}{5}+\frac{1}{5}-\frac{1}{7}+\cdots+\frac{1}{99}-\frac{1}{101}\right)$$
$$=\frac{1}{2}\left[\frac{1}{1}+\left(-\frac{1}{3}+\frac{1}{3}\right)+\left(-\frac{1}{5}+\frac{1}{5}\right)+\left(-\frac{1}{7}+\frac{1}{7}\right)+\cdots+\left(-\frac{1}{99}+\frac{1}{99}\right)-\frac{1}{101}\right]$$
$$=\frac{1}{2}\left(1-\frac{1}{101}\right)$$
$$=\frac{50}{101}$$

将$\frac{1}{1\times3}$拆成$\frac{1}{2}\left(\frac{1}{1}-\frac{1}{3}\right)$，这是割；将前面一个$-\frac{1}{3}$和后面的$\frac{1}{3}$重新组合，这就是补。

例 4　因式分解 x^4-3x^2+1。

解： $x^4-3x^2+1=x^4-2x^2+1-x^2$

$$=(x^2-1)^2-x^2$$
$$=(x^2-1+x)(x^2-1-x)$$
$$=(x^2+x-1)(x^2-x-1)$$

将 $-3x^2$ 拆成 $-2x^2-x^2$，这是割；把 $-2x^2$ 和 x^4+1 拼成 x^4-2x^2+1，这是补。

例 5　计算 $\underbrace{999...9}_{100个}\times\underbrace{999...9}_{100个}+1\underbrace{999...9}_{100个}$ 后所得的结果末尾有几个连续的零?

分析：此题可以采用裂项法，即 $\underbrace{999...9}_{100个}=1\underbrace{000...0}_{100个}-1$；$1\underbrace{999...9}_{100个}=2\underbrace{000...0}_{100个}-1$，此题即得解。

解：

$$\begin{aligned}原式&=(1\underbrace{000...0}_{100个0}-1)\times(1\underbrace{000...0}_{100个0}-1)+2\underbrace{000...0}_{100个0}-1\\&=(1\times10^{100}-1)\times(1\times10^{100}-1)+2\times10^{100}-1\\&=1\times10^{200}-2\times10^{100}+1+2\times10^{100}-1\\&=1\times10^{200}\end{aligned}$$

因此，所得的结果末尾有 200 个连续的零。

例 6　化简 $\frac{2\sqrt{6}}{\sqrt{2}+\sqrt{3}+\sqrt{5}}$。

分析：从 $\sqrt{2}$、$\sqrt{3}$ 和 $2\sqrt{6}$ 之间似乎可以找到一些关系：$(\sqrt{2}+\sqrt{3})^2=2+3+2\sqrt{6}$。为此，需要在分子上“补上”(2+3)，当然，也要“割去”(2+3)。

解：

$$\begin{aligned}\frac{2\sqrt{6}}{\sqrt{2}+\sqrt{3}+\sqrt{5}}&=\frac{(2+2\sqrt{6}+3)-2-3}{\sqrt{2}+\sqrt{3}+\sqrt{5}}\\&=\frac{(\sqrt{2}+\sqrt{3})^2-(\sqrt{5})^2}{\sqrt{2}+\sqrt{3}+\sqrt{5}}\\&=\frac{(\sqrt{2}+\sqrt{3}+\sqrt{5})(\sqrt{2}+\sqrt{3}-\sqrt{5})}{\sqrt{2}+\sqrt{3}+\sqrt{5}}\\&=\sqrt{2}+\sqrt{3}-\sqrt{5}\end{aligned}$$

割补法不仅仅是减一个、加一个，也可以乘一个、除以一个。

例 7　计算 $(2+1)(2^2+1)(2^4+1)(2^8+1)(2^{16}+1)(2^{32}+1)$。

分析：平方差公式是 $(a+b)(a-b)=a^2-b^2$。如果只有 $(a+b)$，不妨给它补一个 $(a-b)$，就可以利用平方差公式了。因此，我们可以考虑在该式中乘以 $(2-1)$，同时除以 $(2-1)$，以保证原式数值不变。

解：原式

$$
\begin{aligned}
&=(2-1)(2+1)(2^2+1)(2^4+1)(2^8+1)(2^{16}+1)(2^{32}+1)\div(2-1)\\
&=(2^2-1^2)(2^2+1)(2^4+1)(2^8+1)(2^{16}+1)(2^{32}+1)\div(2-1)\\
&=(2^4-1^4)(2^4+1)(2^8+1)(2^{16}+1)(2^{32}+1)\div(2-1)\\
&=(2^8-1^8)(2^8+1)(2^{16}+1)(2^{32}+1)\div(2-1)\\
&=(2^{16}-1^{16})(2^{16}+1)(2^{32}+1)\div(2-1)\\
&=(2^{32}-1^{32})(2^{32}+1)\div(2-1)\\
&=(2^{64}-1^{64})\div(2-1)\\
&=2^{64}-1
\end{aligned}
$$

例 8　不用计算器，计算 $\cos 12°\cos 24°\cos 48°\cos 96°$。

分析：此式中的角度大小存在成倍数的关系，可考虑二倍角公式。为此，分子补上一个因子 $2\sin 12°$ 以凑用倍角公式。乘了一个 $2\sin 12°$，当然也应该除以一个 $2\sin 12°$。

解：原式 $=\dfrac{2\sin 12°\cos 12°\cos 24°\cos 48°\cos 96°}{2\sin 12°}$

$$
\begin{aligned}
&=\frac{\sin 24°\cos 24°\cos 48°\cos 96°}{2\sin 12°}\\
&=\frac{\sin 48°\cos 48°\cos 96°}{4\sin 12°}
\end{aligned}
$$

$$
\begin{aligned}
&=\frac{\sin 96^\circ \cos 96^\circ}{8\sin 12^\circ}\\
&=\frac{\sin 192^\circ}{16\sin 12^\circ}\\
&=\frac{-\sin 12^\circ}{16\sin 12^\circ}\\
&=-\frac{1}{16}
\end{aligned}
$$

在三角函数里，有“1 的妙用”的技巧，其实也含有割补法的思想在内。

例 9　已知 $\tan x=3$，求 $\sin x\cos x$ 的值。

分析： 已知的是正切值，所求的式子涉及正弦和余弦。为了利用条件，可考虑将 1 拆成 $\sin^2 x+\cos^2 x$。

解：

$$
\begin{aligned}
\sin x\cos x &= \frac{\sin x\cos x}{1}\\
&=\frac{\sin x\cos x}{\sin^2 x+\cos^2 x}\\
&=\frac{1}{\dfrac{\sin^2 x+\cos^2 x}{\sin x\cos x}}
\end{aligned}
$$

这里把 1 拆成 $\sin^2 x$ 和 $\cos^2 x$ 两个部分，这两部分分别和 $\sin x\cos x$ 重组，得

$$
原式=\frac{1}{\tan x+\dfrac{1}{\tan x}}
$$

所以，

$$
\sin x\cos x=\frac{1}{3+\dfrac{1}{3}}=\frac{3}{10}
$$

割补法是一种数学思想。在具体操作时，通常是先对一个对象进行分割，然后将割下来的一部分补到另一个对象上去，进行重组。当然，重组以后，我们应该可以利用公式和定理，将重组结果转化为有利结果。因此，切记不可乱割，要瞻前顾后。

割补法也是一种哲学思想。我们做事常常要先退一步，再前进。譬如拳手一定要先把拳头收回来，再伸出去，才能打得有力。

作为割补法的补充，我们再看“只割不补”以及“只补不割”的情况。

比如，求三棱锥的体积公式，就可以用“只割不补”的方法。为了方便，我们以直三棱柱为例。图 24.7 是一个三棱柱，我们将它分割成 3 块。

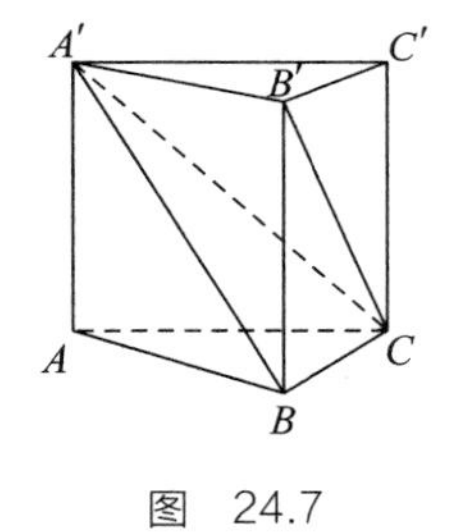

图 24.7

第一块是三棱锥 $A'-ABC$，它以 A' 为顶点，ABC 为底。第二块是三棱锥 $C-A'B'C'$，它以 C 为顶点，以棱柱的上底面 $A'B'C'$ 为底——它是个倒置着的三棱锥，看起来有点儿不习惯。第一块和第二块的体积是相等的，因为它们底面的三角形是全等的，高又是相等的，只是位置有区别而已。

第三块是三棱锥 $A'-BCB'$。把它和第二块做比较，就会发现两者的底面都是平行四边形 $BCC'B'$ 的一半，是全等三角形，而它们的高也是相等的。可以认为，第二块和第三块三棱锥的体积是相等的。

因此，整个三棱柱 $ABC-A'B'C'$ 被分成了体积相等的 3 个三棱锥：$A'-ABC$，$C-A'B'C'$，$A'-BCB'$。所以，每个三棱锥的体积等于原三棱柱体积的 $\frac{1}{3}$，即三棱锥的体积等于和它等底、等高的三棱柱体积的三分之一。体积公式如下：

$$V_{\text{三棱锥}A'-ABC}=\frac{1}{3}V_{\text{三棱柱}ABC-A'B'C'}=\frac{1}{3}Sh$$

25 正难则反

“正难则反”，这种思维方式常常可以帮我们走出困境，解决问题。“正难则反”大致上包括反证、反驳、反推、反面扣除等方法。其中，反证法我们前面已经讨论过了。

反驳

有人提出了一个结论，你认为它不真，你就要讲理，这个“讲理”的过程就是反驳。反驳的方法有多种，有非逻辑反驳，有逻辑反驳；有直接反驳，有间接反驳。

“非逻辑反驳”一般是指出观点的不合常理之处。譬如，有人算出小明行走的速度是每小时 100 千米——人怎么可能走得这么快呢？不合常理！于是我们说：这个结果应该是错的。其实，非逻辑反驳并不保证这个结果一定错了，或者答案一定解错了，因为有可能题目本身出得就不合常理。“逻辑反驳”是有根有据地证明某个观点是错误的，本章将主要介绍这种方法。

“直接反驳”是指出对方所说的是“假”的，但没有指出毛病出在哪里。“间接反驳”则是循着解答过程，找出错在了哪一步，从而说明结论错了。

反驳的一个重要方法就是“举反例”。要说明一个普遍适用的命题（称为“全称命题”）是假的，你只要举出一个例子来反驳就够了，这种例子被称为反例（参见第 18 章）。

我们知道，费马有一个关于质数公式的猜想：$F(n)=2^{2^n}+1$。

100 多年后，在 1732 年，25 岁的欧拉提出：

$$当\ n=5\ 时，F(5)=2^{2^5}+1=4\ 294\ 967\ 297=641\times 6\ 700\ 417$$

这是一个合数。欧拉用一个反例就推翻了费马的猜想。

第二种方法是“代入检验法”。譬如，在解方程时可以将解代入原方程进行检验，假如解不符合题意，那肯定错了。

第三种方法是“必要条件检验法”。假设“B 是 A 的必要条件”，这时，如果 B 不成立，那么 A 肯定也不成立了；但是，B 成立，却不能保证 A 成立。必要条件检验法只能指出“错”，不能指出“对”。

算术里有一种“弃九检验法”，采用的就是必要条件检验法。还有经常用到的量纲检验法，说白了就是检查单位是否合适，譬如，明明要求的是面积（单位为 m^2），但算出的结果是 32m，那结果肯定错了。

第四种方法是“异答检验法”。一道题出现了两种不同的答案，那么，通常说至少有一种答案不对（也可能两个都不对）——我谨慎地用了“通常说”这个词，这是因为两个答案很有可能各自回答了一种特殊情况；也可能，一个回答的是特殊情况，另一个回答的是一般情况。但是，如果两个答案是相互矛盾的，那么肯定至少有一个不对。

在反驳一个命题时，我们还常采用“顺水推舟，引出矛盾”的方法。譬如，有同学误以为 $\frac{1}{2}+\frac{1}{3}=\frac{2}{5}$，我们怎么让他知道自己错了？可以用顺水推舟的方法。

实际上，这位同学心中有自己的一个“定理”：两个分数相加，应该是分子、分母分别相加。如果按照这个“定理”，那么就有 $\frac{1}{2}+\frac{1}{2}=\frac{2}{4}=\frac{1}{2}$，也就是说，两个一半加起来竟然还是得到一半。这位同学，你觉得有问题吗？这是间接反驳，让人知道错在哪里。实际上，这也是反证法。

反驳在解答选择题时用处很大，在理解数学时用处也很大。

反推

先请看下面这道有名的算术题。

例 1　一个农妇拿了一篮鸡蛋上市场出售，不多时就卖完了。邻人问她：“你一共卖掉了多少个鸡蛋？”她答道：“一共有 4 个顾客前来买蛋。第一个顾客买了全部鸡蛋的一半多半个，第二个顾客买了余下鸡蛋的一半多半个，第三个顾客又买了余下鸡蛋的一半多半个，第四个顾客也买了余下鸡蛋的一半多半个。这时，我篮中的鸡蛋恰巧卖完。”问：农妇原有多少鸡蛋？

如果用方程解答，很麻烦，用倒算的办法来解这道题就比较好。

解：第四个顾客买了余下鸡蛋的一半多半个之后，篮中的鸡蛋恰巧卖完，这说明这半个鸡蛋正巧是当时篮中鸡蛋数的一半。也就是说，在第四个顾客买蛋之前，篮中有 1 个鸡蛋。

接着再分析第三个顾客：第三个顾客买了篮中鸡蛋的一半多半个之后，篮中剩 1 个蛋，这说明这一个蛋再加上半个，应该是原有鸡蛋数的一半。所以，在第三个顾客买蛋之前，篮中有 3 个蛋。

同理可知，在第二个顾客买蛋之前，篮中应该有蛋

$$(3+0.5)\times 2=7\text{（个）}$$

在第一个顾客买蛋之前，篮中应该有蛋

$$(7+0.5)\times 2=15\text{（个）}$$

即农妇原有 15 个鸡蛋。

例 2　如图 25.1，在五角星的各交叉点上放棋子。在放的时候，要求从某一点出发，沿着直线数三个交叉点，在数到的第三个交叉点上放一个棋子。但第一个和第三个交叉点必须原先是没有棋子的。你最多能放几个棋子?

图　25.1

这个游戏，一般人只能放 7 到 8 个棋子，其实，最多可以放 9 个棋子。

解：如果要把棋子放到 C 的位置上，它必须是沿着某直线数 1、2、3 的终点，而且起点处还不能有棋子。譬如图 25.2 中这样数 1、2、3，数 1 的起点事先是没有棋子的。所以，看来必须先放好 C 处的棋子之后，再去考虑放 A 处的棋子。

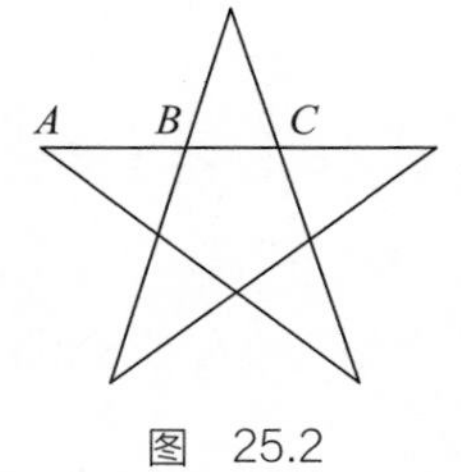

图　25.2

而在 A 处放棋子，也要数 1、2、3，譬如图 25.3 那样数，此时要求 E 处事先没棋子。所以，看来必须先放好 A 处的棋子，再去考虑放 E 处的棋子。

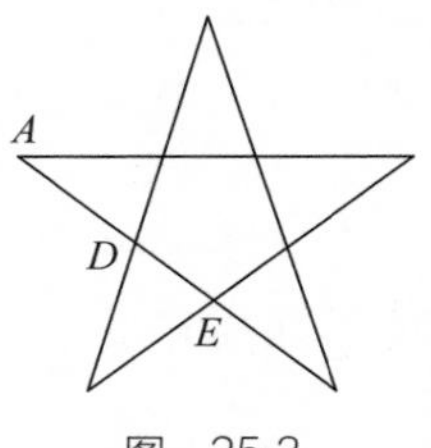

图　25.3

这样我们就得到一个解决问题的方案：

- 第一个棋子可以随意放，当然它是数 1、2、3 的结果。
- 从第二个棋子开始，就要放在上一轮中数 1 的地方，当然它也是数 1、2、3 的结果，即把上一轮的起点作为后一轮的终点。
- 这样放，可以最大限度地把棋子一一放置在各交叉点上。

反面扣除

人类第一张质数表是古希腊的厄拉多塞（约公元前 200 年）首创的，他采用的方法是这样的：

先列出从 1 到 100 的全部整数，然后从中扣除合数和 1，余下的就是质数了。筛去 1，不会有问题，但合数怎么筛去呢？合数，无非是 2 的倍数、3 的倍数、5 的倍数，等等。所以，只要把它们一一筛去就可以了。

筛法的本质就是把不符合要求的“项”扣除，这就是所谓的“反面扣除法”，也叫排除法。在中学里，反面扣除法首先可以用于解答单项选择题。

反面扣除法的第二个用处是用于计数。当所求答案的“反面”比较容易计算时，可以扣除不符合要求的情况，从而得到正确答案。什么意思呢？

例 3　A、B、C、D 四个人排成一列，A 不许排在头，一共有多少种排法？

解：先考虑 A、B、C、D 四人排一列，一共有 4! 种排法。

但是现在要求 A 不许排在首位，所以，必须在上面算出的4! 种排法中扣除 A 排在首位的排法。假如 A 在首位，那就余下了 3 个位置和 3 个人（B、C、D），不难类推得到，有3! 种排法。

所以，A、B、C、D 四人排成一列，且 A 不许排在首位的排法有

$$4!-3!=4\times3\times2\times1-3\times2\times1=18（种）$$

反面扣除法的第三个用处是非计数情况，如证明题——当然，同样是反面情况容易处理，需要扣除反面的情况来解决的问题。这里特别要重视“至少有一个 A，有性质 P”的反面是“所有的 A，都没有性质 P”（参见第 16 章）。

例 4　若三个方程

$$\begin{aligned}&x^2+4ax-4a+3=0\\&x^2+(a-1)x+a^2=0\\&x^2+2ax-2a=0\end{aligned}$$

中至少有一个方程有实数解，试求实数 a 的取值范围。

解：“三个方程中至少有一个方程有实数解”的反面是“这三个方程都没有实数解”，此时，三个方程的判别式都应小于 0，即

$$\begin{cases}\Delta_1=(4a)^2-4(-4a+3)<0\\\Delta_2=(a-1)^2-4a^2<0\\\Delta_3=(2a)^2-4(-2a)<0\end{cases}$$

解得 $-\frac{3}{2}<a<-1$ 。扣除这一取值范围，得 $a\leqslant-\frac{3}{2}$或$a\geqslant-1$ 。所以，当 $a\leqslant-\frac{3}{2}$或$a\geqslant-1$ 时，题设中的三个方程中，至少有一个方程有实

数解。

例 5　一只装牛奶瓶的箱子被分成 4×6 格。在这只箱子中放 18 瓶牛奶，每格最多只能放一瓶，要使各行各列的奶瓶数都是偶数，应该怎样放？

据说，这道问题是在某个国际数学教育会议上，由一位英国学者提出的。他提出了这道问题之后，与会者纷纷思考并相互讨论，竟然使会议一时开不下去了。其实，这个问题从反面考虑，用反面扣除的方法，很容易就能解决了。

解：如果 24 格里放 18 瓶牛奶，就有 6 个空格。因为箱子的 4 行和 6 列都是偶数，又要求所放的奶瓶数在各行各列也都是偶数，所以各行各列的空格数也应该是偶数。不难画出图 25.4 的箱子格排列，其中的空格是符合要求的；于是，在其余格子里放奶瓶，奶瓶的放法就符合题意了。

空		空			
空			空		
		空	空		

图　25.4

反面扣除法的用处很多，在此很难说完全。这种数学思维有点儿像“兵法”。《孙子兵法》不是有三十六计吗？数学也一样。“正难则反”就是“数学兵法”中的一计：正面不行，就反面嘛！

26 反客为主

在解答数学问题时，有时要靠一点儿诀窍，如前面说的正难则反、割补法等，都是很巧妙的方法，同时也富有哲理，充满了辩证法，对日常工作和生活都有所启发。你看，“正”和“反”，“割”和“补”，不都是一对矛盾吗？而且，不一定是以正为好，有时就得反过来办。总之，我们要视具体情况决定策略。

本章要讲的一个诀窍也充满了辩证法。主人和客人，一般是客随主便，客人不能造次。在数学中遇到的问题经常同时拥有几个变量，这时候也常有主客之分。如在函数里，有自变量和因变量之分，还有变元和参数之分。有时候，多个变元平等出现，不分主次，但我们往往偏要选出一个主元，然后将问题化归为该主元的函数、方程或不等式等问题，才能解决问题。有时候，多个变元主客分明，其中有的是明显的变元，有的只是参数，但是，我们恰恰要“反客为主”，把参数作为主元，本来难以处理的问题“三下五除二”就解决了。

平等选元

有些问题中的式子出现了多个变元，但这些变元的次数是相同的，甚至是对称出现的。为了把多元问题看作一元问题，我们必须选择一个变元作为主元。既然它们是平等的，我们通常可以随意选一个作为主元。

例 1　因式分解：$(ab+bc+ca)(a+b+c)-abc$。

分析： 这是一个三元三次式，其中出现的变元 a, b, c 是平等的、对称的。如果选择其中一个为主元，并降幂排列，就可以发现式子成了该主元的二次式。这时候，我们就可以运用二次式分解因式的方法，如十字交叉法等。

解： $(ab+bc+ca)(a+b+c)-abc$

$=(b+c)a^2+(b^2+c^2+2bc)a+b(bc+c^2)$

$=(a+c)(b+c)(a+b)$

这里是选 a 为主元，也可以选 b, c 为主元，大家自己试试看。

例 2　若 $(z-x)^2-4(x-y)(y-z)=0$，求证：x, y, z 成等差数列。

分析： 题设式子的左边展开后，得到一个三元七项的多项式，应该因式分解吗？但式子中有三个变元，难理头绪。如果将之转化为以某字母为主元的式子，情况则大有改观。

解： 原方程整理后得

$$z^2+2xz+x^2-4xy+4y^2-4yz=0$$

按 y 降幂排列、整理，有

$$4y^2-4(x+z)y+(x+z)^2=0$$

$$[\,2y-(x+z)\,]^2=0$$

$$2y-(x+z)=0$$

$$x-y=y-z$$

所以，x, y, z 成等差数列。证毕。这里是选 y 为主元，选其他字母也是可以的，大家试试看。

低次选元

有时式子里出现了多个变元，但这些变元的次数不相同。为了把多元问题转化为一元问题，必须选择一个变元作为主元。那么，是选择出现次数高的作为主元，还是选择出现次数低的呢？当然是低的好。这样一来，原式可以化为该主元的低次多项式，会方便很多。

例 3　因式分解：$2x^3-x^2z-4x^2y+2xyz+2xy^2-y^2z$。

分析： 本题涉及三个元，且各元的次数不尽相同，x 的最高次是三次，y 的最高次是二次，z 的最高次是一次，于是可以考虑以 z 为主元，原式可以整理成 z 的一次式。

解： 原式 $=(2xy-x^2-y^2)z+(2x^3-4x^2y+2xy^2)$

$$=-(x-y)^2z+2x(x-y)^2$$

$$=(2x-z)(x-y)^2$$

无关元选元

例 4　a, b, c, d 是实数，且 $a^2d^2+b^2(d^2+1)+c^2+2b(a+c)d=0$。求证：$b^2=ac$。

分析： 本题条件涉及了四个变元，但是在结论里只涉及了三个，没有字母 d——这有点儿奇怪。不妨就把 d 设为主元试试。

解： 题设条件重新整理后得

$$(a^2+b^2)d^2+2b(a+c)d+(c^2+b^2)=0$$

这是关于 d 的二次方程。考虑到 d 是实数，所以这个方程应该有

实数根。于是

$$\Delta=[2b(a+c)]^2-4(a^2+b^2)(c^2+b^2)\geqslant 0$$
$$b^2(a+c)^2-(a^2+b^2)(c^2+b^2)\geqslant 0$$
$$b^2(a+c)^2-a^2c^2-a^2b^2-b^2c^2-b^4\geqslant 0$$
$$b^4+[a^2+c^2-(a+c)^2]b^2+a^2c^2\leqq 0$$
$$b^4-2acb^2+a^2c^2\leqq 0$$
$$(ac-b^2)^2\leqq 0$$
$$ac-b^2=0$$
$$ac=b^2$$

在这个例子里，d 是无关元，可见，用无关元为主元，常常会有奇迹出现。

反客为主

最妙的是反客为主：将次要的变元反过来当主元。譬如，我们通常认为，对于函数式中的自变量和因变量，有了自变量的取值，才能得到因变量的值，二者存在主和从的关系。在函数问题里，方程中常常出现参数，有人自然认为，参数是“客”。有时，在这种呆板的认识下，做题做到山穷水尽，也解不出来。如果来一个“反客为主”，可能会出现一线生机，柳暗花明。

例 5　求函数 $y=\dfrac{x^2-x+1}{x^2+x+1}$ 的值域。

分析：本题的自变量是 x，因变量是 y；这是一个有理分式函数，且分子、分母都是 x 的二次式——直接求函数式的值域有难度。如果反过来思考，把 y 当作自变量，把 x 当作因变量——实际上是求反函数思想——情况可能有所好转。

解：首先，显然该函数的定义域为一切实数，即 x 是实数。将原函数式转化为方程，并按 x 的幂加以整理，得

$$(y-1)x^2+(y+1)x+(y-1)=0$$

(1) 当 $y=1$ 时，此方程为一次方程，可得 $x=0$；

(2) 当 $y\neq 1$ 时，此方程是二次方程。因 x 是实数，即方程有实根，故有

$$\Delta=(y+1)^2-4(y-1)^2\geqslant 0$$

综合上述得，题设中函数的值域是 $\frac{1}{3}\leqslant y\leqslant 3$ 。

将原函数式转化为方程，并按 x 的幂加以整理，得到一个方程。如果能把这个方程解出来，就得到原函数的反函数 $x=g(y)$。所以，这一想法本质上是求反函数的定义域。

例 6　若不等式 $x^2+mx>4x+m-3$ 对于满足 $1\leqslant m\leqslant 4$ 的所有实数 m 恒成立，求实数 x 的取值范围。

分析：通常来看，这是一个关于 x 的二次不等式，其中 m 是参数。假如倒过来，把 m 当作未知数，把 x 当作参数，那么得到的将是一个关于 m 的一次不等式，情况应该更好办些。

解：原不等式整理为

$$(x-1)m+x^2-4x+3>0$$

设左端为函数 $f(m)$，那么它是 m 的一次函数。即有

$$f(m)=(x-1)m+x^2-4x+3>0$$

(1) 当 $x=1$ 时，此式不能成立；

(2) 当 $x\neq 1$ 时，此式对 $1\leqslant m\leqslant 4$ 的所有实数 m 恒成立，所以当 $m=1, m=4$ 时也成立，故有

$$x^2-3x+2>0 \text{ 且 } x^2-1>0$$

解得 $x<-1$ 或 $x>2$。所以 x 的取值范围是 $x<-1$ 或 $x>2$。

例 7　求证：对于任意实数 k，曲线 $y(1-2k^2)-kx+3pk=0$ 必过一定点。

分析： 在原方程中，未知数是 x, y，而 k, p 是参数。若重新整理原方程，得出关于 k 的方程，则该新方程是二次的。

解： 原方程可变形为

$$(-2y)k^2+(3p-x)k+y=0$$

因为题设中对于任意 k，曲线都过定点，所以此式与 k 无关，所以 k^2 和 k 项的系数应该等于 0，于是

$$-2y=0 \text{ 且 } 3p-x=0$$

即 $x=3p$ 且 $y=0$。所以曲线恒通过点 $(3p, 0)$。

例 8　对任意 $m\in[-1, 1]$，函数 $f(x)=x^2+(m-4)x+4-2m$ 的值恒大于零，求 x 的取值范围。

分析： 这是一个二次函数，其中含有参数 m。本题可以按常规解法进行讨论，但后续步骤比较烦琐。若变换一个角度，以 m 为

变量重新整理，就能得到一个 m 的函数 $g(m)$，则问题转化为求一次函数，优势明显。

解：$f(x)=x^2+(m-4)x+4-2m=(x-2)m+x^2-4x+4$

令 $g(m)=(x-2)m+x^2-4x+4$。

由题意知，在 $m \in [-1, 1]$ 上，$g(m)$ 的值恒大于零，而这是一个一次函数，应有

$$g(-1)>0 \text{ 且 } g(1)>0$$

即

$$x^2-5x+6>0 \text{ 且 } x^2-3x+2>0$$

所以解得 $x<1$ 或 $x>3$，故当 $x<1$ 或 $x>3$ 时，对任意的 $m\in[-1, 1]$，函数 $f(x)$ 的值恒大于零。

本章所讲的方法，在数学中其实叫主元法。主元法的通常做法是，选某一个变量作为主元，再按照这个变量整理式子。但是，我们总希望按主元整理后得到的式子是比较低次的函数式或方程，这样容易进一步处理，也能显出主元法的优势。

27 交轨和叠加

交轨法

华罗庚教授在他的《从孙子的“神奇妙算”谈起》一文中介绍了著名的“孙子问题”：

今有物不知其数，
三三数之余二，
五五数之余三，
七七数之余二，
问物几何？

他在阐述我国传统解法之前，先讲了一个“笨”算法，并作诗说“妙算还从拙中来”，高度赞扬了这一朴素、原始的思想方法。

这个“笨”算法是这样的：

先只考虑“三三数之余二”这一条件。满足这一要求的数很多，构成了下面的集合：

$$M=\{2, 5, 8, 11, 14, 17, 20, 23, 26, 29, 32, 35, \cdots\}$$

再只考虑“五五数之余三”这一条件。满足这一要求的数组成集合：

$$N=\{3, 8, 13, 18, 23, 28, 33, 38, \cdots\}$$

再只考虑“七七数之余二”这一条件。满足这一要求的数组成集合：

$$P=\{2, 9, 16, 23, 30, 37, \cdots\}$$

现在，这三个要求都要满足，那么所求的数既要在 M 内，又要在 N 内，还要在 P 内，也就是只能在集合 M、N、P 的交集（公共部分）内。M、N、P 的交集是：

$$\{23, 128, 233, \cdots\}$$

所以，所求数应是 23，或 128，或 233……最小的符合要求的数是 23。

这种解决问题的思想方法叫交集法，或交轨法。交集法是这样考虑问题的：先考虑一个要求，找出符合这一要求的解集；再考虑另一个要求，找出符合这一要求的解集……因为两个（甚至多个）要求都要符合，所以真正的解答只能在前面说到的两个（甚至多个）解集的交集中。

交集法为什么又叫交轨法呢？在几何中，满足某个要求的点构成的图形叫作点的轨迹。满足一个要求的点在一个轨迹上，满足另一个要求的点在另一个轨迹上，于是，最终满足所有要求的点只能在各个轨迹的交点上。这就是交轨法名称的由来。

下面是在平面几何里利用交轨法作图的例题。

例 1　已知三角形的一边长为 a，这条边上的高为 h，这条边所对的内角为 α，求作该三角形。

作法：(1) 作 $BC = a$；

(2) 以 BC 为弦，作含圆周角为 α 的弓形弧；

(3) 作 BC 的平行线 l_1, l_2，使 l_1, l_2 与 BC 的距离都等于 h；

(4) l_1, l_2 与弓形弧的交点为 A_1, A_2, A_3, A_4，将它们与 BC 连接起来。则 $\triangle A_1BC$，$\triangle A_2BC$，$\triangle A_3BC$，$\triangle A_4BC$ 就是所要求的三角形。图 27.1 中只连接了点 A_1，其他的点，读者可自己连连看。

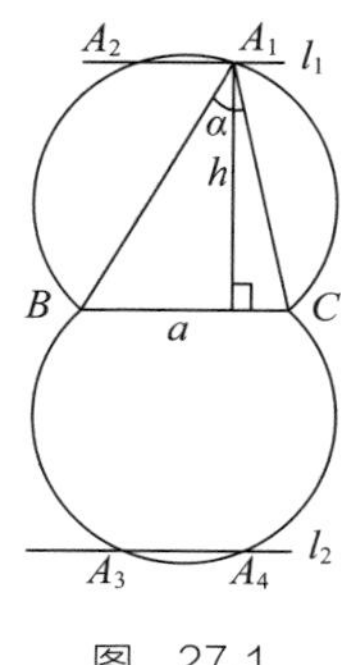

图 27.1

作一个三角形，由于 BC 边已定，找另一顶点 A 是关键。而 A 要满足两个条件：

(a) $\angle BAC = \alpha$；

(b) A 与 BC 的距离为 h。

满足条件 (a) 的点，都在作法第 (2) 步所画出的两个弓形弧上；满足条件 (b) 的点，都在作法第 (3) 步所画出的两条直线 l_1, l_2 上，所以所求的点应该是弓形弧与 l_1, l_2 的交点。

交集（轨）法的用处很广，很多解方程组问题是用交集法来解决的。

例 2　已知 $f(x)=x^2-6x+5$。问：满足

$$f(x)+f(y)\leqslant 0,\ f(x)-f(y)\geqslant 0$$

的点 (x, y) 在平面上的什么范围？

解：

$$\begin{aligned}&f(x)+f(y)\\&=(x^2-6x+5)+(y^2-6y+5)\\&=x^2+y^2-6x-6y+10\\&=(x-3)^2+(y-3)^2-8\\&\leqslant 0\end{aligned}\tag{1}$$

$$\begin{aligned} f(x)-f(y) &= (x^2-6x+5)-(y^2-6y+5) \\ &= x^2-y^2-6x+6y \\ &= (x-y)(x+y-6)\geqslant 0 \end{aligned} \tag{2}$$

满足 (1) 式的点是由以 $O(3,3)$ 为圆心、以 $2\sqrt{2}$ 为半径的圆 O 的内部和边界上的点构成的集合，而满足 (2) 式的点，组成了图 27.2 中的阴影部分，既满足 (1) 式，又满足 (2) 式的点，就是图 27.3 中的阴影部分。

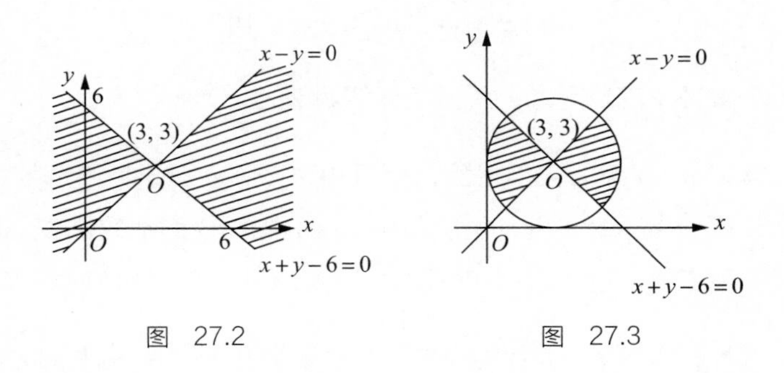

图 27.2　　图 27.3

叠加

现在再来看“孙子问题”的另一个解法。

先找一个数 m，它能被 5、7 整除（放弃了“五五数之余三，七七数之余二”两个条件），但除以 3 的余数为 1（我们只关心另一个条件:“三三数之余二”，但是这个条件有难度，于是，我们转而先关心“三三数之余一”）。

怎么找 m 呢？既然它是 5、7 的倍数，它当然就是 35 的倍数。但 35 除以 3 的余数不是 1。于是，我们看看 35 的 2 倍，即 $35\times2=70$，70 除以 3 恰巧余 1。这样就找到了 $m=70$ 。

再找一个数 n，它能被 3、7 整除，但除以 5 时余数为 1，3×7（21）正巧符合要求。

再找一个数 p，它能被 3、5 整除，但除以 7 时余数为 1，3×5（15）正巧符合要求。

我们找到了三个数：70、21、15，它们各自满足了一个条件。如果把 $m=70$，$n=21$，$p=15$ 叠加起来，得

$$m+n+p=70+21+15=106$$

但这个数并不满足题意，所以还需要调整。

因为 n、p 都能被 3 整除，所以和 $m+n+p$ 被 3 除的余数由 m 决定。而 m 被 3 除余 1，所以和 $m+n+p$ 除以 3 的余数是 1。根据题意，我们要求被 3 除余 2 的数，所以在叠加时，要把 m 乘 2。

同样，因为 m、p 都能被 5 整除，所以和 $m+n+p$ 被 5 除的余数由 n 决定。而 n 被 5 除余 1，为了适合题意，使数被 5 除余 3，所以在叠加时，n 应乘以 3。

同样，因为 m、n 都能被 7 整除，所以和 $m+n+p$ 被 7 除的余数由 p 决定。而 p 被 7 除余 1，所以为了求得适合题意的、被 7 除余 2 的数，在叠加时，p 要扩大 2 倍。

根据上述分析，我们重新叠加，得

$$2m+3n+2p$$

它被 3 除的余数必为 2（后两项 $3n$、$2p$ 是 3 的倍数，第一项 $2m$ 除以 3 余 2），被 5 除的余数必为 3（第一项 $2m$、第三项 $2p$ 是 5 的倍

数，第二项 $3n$ 除以 5 余 3），被 7 除的余数必为 2（前二项 $2m$、$3n$ 是 7 的倍数，第三项 $2p$ 被 7 除余 2）。可见，它是符合题意的数。把 $m=70$，$n=21$，$p=15$ 代入，不难知道它等于

$$\begin{aligned}&2m+3n+2p\\=&2\times70+3\times21+2\times15\\=&233\end{aligned}$$

但是，这个问题的解不唯一。最小的解可以从 233 中扣除 2 次 105（$3\times5\times7$）得到，最小解为 23。不信你可以检验一下。

古代的程大位在《算法统宗》中把上面的算法归结为四句口诀：

三人同行七十稀，
五树梅花廿一枝，
七子团圆正半月，
除百零五便得知。

这四句口诀说出了 $m=70$，$n=21$，$p=15$ 与 3、5、7 的关系。从思想方法的角度分析，这个解是由三个部分叠加得到的，其中每一部分都各有一个特征，即 $2m$ 被 3 除余 2，$3n$ 被 5 除余 3，$2p$ 被 7 除余 2；当叠加之后，它们的和就具有这三个特征了。

例 3　给定三点 $P(0, 1)$、$Q(1, 2)$、$R(2, 9)$，求一个通过这三点的三次多项式。

解： 先找一个多项式，使当 $x=0$ 时，$y=1$，即过点 P；而当 $x=1$ 或 $x=2$ 时，y 都等于 0。由于当 $x=1$ 或 $x=2$ 时，y 都等于 0，因此这个多项式可以是

$$y=c(x-1)(x-2)$$

的形式。其中 c 可用“当 $x=0$ 时，$y=1$”来确定。此时有

$$1=c\cdot(0-1)(0-2)$$

得 $c=\frac{1}{2}$。可知，

$$y=\frac{1}{2}(x-1)(x-2)$$

满足要求。它的图像是图 27.4 中的抛物线 G_1。

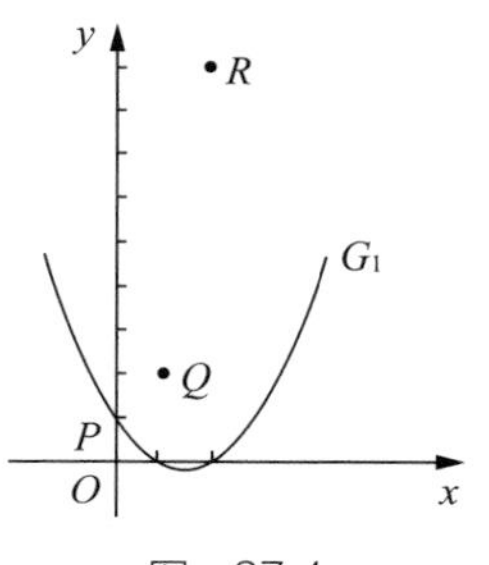

图 27.4

再找一个多项式，使当 $x=1$ 时，$y=2$（过点 Q），而当 $x=0$ 或 $x=2$ 时，y 都等于 0。用同样的方法可求出

$$y=-2(x-0)(x-2)$$

它的图像是图 27.5 中的抛物线 G_2。

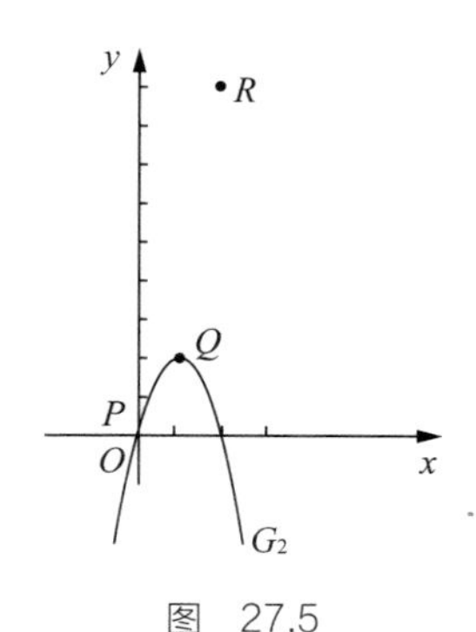

图 27.5

再找一个多项式，使当 $x=2$ 时，$y=9$（过点 R），而当 $x=0$ 或 $x=1$ 时，y 都等于 0。不难知道

$$y=\frac{9}{2}x(x-1)$$

满足要求。它的图像是图 27.6 中的抛物线 G_3。

将三个函数式叠加，得

$$y=\frac{1}{2}(x-1)(x-2)-2x(x-2)+\frac{9}{2}x(x-1) \tag{3}$$

当 $x=0$ 时，第二、三项都为 0，第一项为 1，所以函数值为 1（即过点 P）；当 $x=1$ 时，第一、三项为 0，第二项为 2，所以函数值为 2（过点 Q）；而当 $x=2$ 时，第一、二项为 0，第三项为 9，所以函数值为 9（过点 R）。可见，这是符合题意的多项式。(3) 式的图像是抛物线，并不难画出，但是我们这里不画了，免得线条太多，弄得大家眼花缭乱。

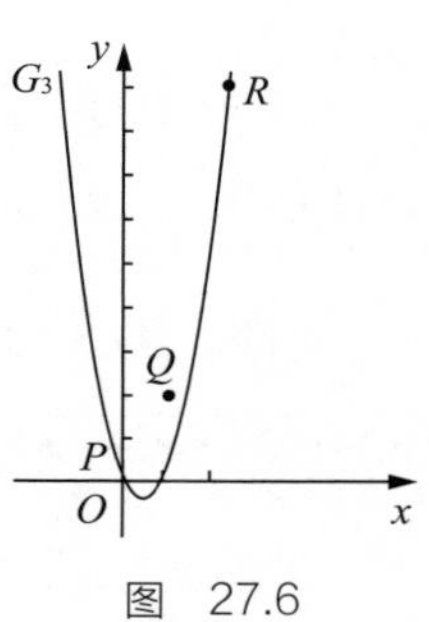

图 27.6

尽管这个函数求出来了，且符合题意，但我们总觉得，有点儿故弄玄虚啊。为什么要“先找一个多项式，使当 $x=0$ 时，$y=1$，即过点 P；而当 $x=1$ 或 $x=2$ 时，y 都等于 0”？特别是为什么“当 $x=1$ 或 $x=2$ 时，y 都等于 0”？然后再找其他多项式？这是为了分别关注三条抛物线。

换个角度，我们可以先关注当 $x=0$ 时，三条抛物线的情况；然后再关注当 $x=1$ 时，三条抛物线的情况；最后关注当 $x=2$ 时，三条抛物线的情况（图 27.7）。

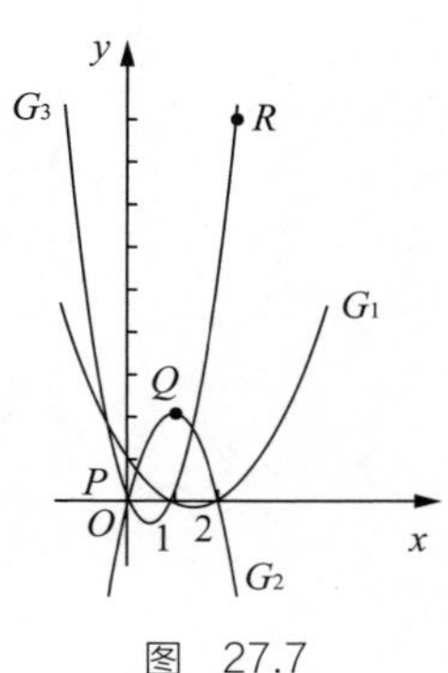

图 27.7

当 $x=0$ 时，抛物线 G_1 过点 $P(0, 1)$，抛物线 G_2, G_3 都过原点。可以想象，对 $x=0$ 来说，抛物线 G_2, G_3 对叠合后的新抛物线的高度不起作用，经过抛物线 G_1, G_2, G_3 叠合的新抛物线 (3) 仍然过点 $P(0, 1)$。

当 $x=1$ 时，抛物线 G_2 过点 $Q(1, 2)$，抛物线 G_1, G_3 都经过点 $(1, 0)$，可以想象，抛物线 (3) 仍然过点 $Q(1, 2)$。

当 $x=2$ 时，抛物线 G_3 过点 $R(2, 9)$，抛物线 G_1, G_2 都经过点 $(2, 0)$，可以想象，抛物线 (3) 仍然过点 $R(2, 9)$。

可见，抛物线 (3) 是符合要求的，也就是说，我们找到了过给定三点 P, Q, R 的函数式。

此方法叫“拉格朗日插值法”。各位看官，拉格朗日插值法和“孙子问题”何其相似啊。我们给出了“孙子问题”的两种不同解法，但是，它们有一个共同特点，就是先放弃其他条件，只关心一个条件，然后通过求公共元素或者叠加，找到问题的答案。先放弃一个，转而研究另一个，最后综合处理；先放弃部分，以后再“拾起来”整体处理——真是太妙，太聪明了！

28 递推和迭代

传说，印度有一座庙宇，庙宇里有三根柱子。第一根柱子上套着大小不等的64个圆环片，小的在大的上面。如果要把64个圆片全部移到第三根柱子上去，在移动的过程中必须遵守以下规则：第一，每次移动一片；第二，大片始终不许压在小片之上。然而，当64个圆片全部被移到第三根柱子上的时候，“世界末日”就来临了。庙宇内的僧侣为了摧毁这个在他们看来充满罪恶的世界，夜以继日地轮流工作，一刻不停地移动着这些圆片……这是趣味数学中一道颇有名气的“世界末日”问题。

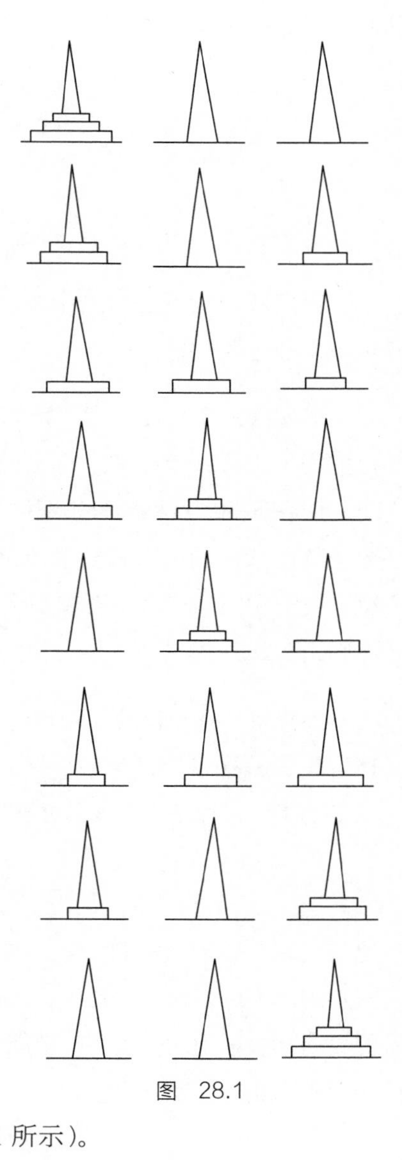

图 28.1

我们来算一下，将64个圆片全部移到第三根柱子上，一共要移动多少次？为了找到移动规律，先看只有三个圆片的情形：这时需要七步才能把它们从第一根柱子上移到第三根柱子上，其间少不了用到第二根柱子作为过渡（具体过程如图28.1所示）。

设圆片数为 n，移动次数为 a_n。不难知道，当圆片数 $n=2$ 时，$a_2=3$；当 $n=4$ 时，$a_4=15$；当 $n=5$ 时，$a_5=31$……一直实验下去，列出表来有：

$$n=1,\ a_n=1$$
$$n=2,\ a_n=3$$
$$n=3,\ a_n=7$$
$$n=4,\ a_n=15$$
$$n=5,\ a_n=31$$

我们从中能不能找出什么规律来？看来，直接找出 a_n 和 n 的规律，是有困难的。

不如换一个角度思考。譬如，当 $n=3$ 时，整个解题过程可以分解为三大步：第一步，把上面的两片移到第二根柱子上；第二步，把底下的一片移到第三根柱子上；第三步，再把放在第二根柱子上的两片移到第三根柱子上来。这三大步中，第二步移动了一次，第一和第三这两步无非是移动两片所需的次数 a_2。这样一来，可知 $a_3=2a_2+1$。

如果有 $n+1$ 个圆片，那也可分解为三步：第一步把上面的 n 片移到第二根柱子上，第二步把最大的一片移到第三根柱子上，第三步把第二根柱子上的 n 片搬到第三根柱子上，所以

$$a_{n+1}=2a_n+1$$

这样一来，我们就找到了 a_{n+1} 与 a_n 的关系，但这并不等于 a_{n+1} 是已知的。不过，我们找到了这一关系，余下的事就十分简单了。只要算出 a_1，再用这个关系，就能求出 a_2；知道了 a_2 就可以算出 a_3，继而算出 $a_4, a_5, a_6, \cdots, a_{64}$。

这种关系叫“递推关系”。要说明的是，光有递推式还不够，应该加上一个初始条件。这道“世界末日”问题的初始条件是 $a_1=1$。

著名的斐波那契数列也可以利用找递推关系的方法解出。斐波那契数列是什么呢？

有一对小兔，一个月后可长成大兔；再过一个月，这对大兔可以生出一对小兔；再过一个月，大兔又生一对小兔，而原先的小兔已长成大兔；再一个月，大兔又生一对小兔，已长成的那对大兔也生了一对小兔，大兔生的第二对小兔也已长成大兔……一月复一月，小兔过一个月总可以长成大兔，大兔每一个月总要生一对小兔，那么在一年后，一共会有多少对兔子呢？

不难算出，开始时有 $a_0=1$ 对兔子，一个月后还是一对（$a_1=1$），两个月后是两对（$a_2=2$），三个月后是三对（$a_3=3$），四个月后是五对（$a_4=5$），五月后是八对（$a_5=8$）……这样“笨算”下去，只算一年的兔子数量，也不是十分复杂（图 28.2）。但是，我们要通过这种方法，找到规律性的东西。月份与兔子对数的直接关系很难找，我们还是从找递推关系着手吧。

a_5 与 a_4 有什么关系？ a_5 中一部分是大兔，一部分是小兔。大兔是怎么来的？在上一个月，不管兔子是小兔还是大兔，到了这个月，它总是大兔，所以，大兔的数量恰等于上一个月的兔子对数 a_4。小兔又是怎么来的？上个月有多少对大兔，这个月就有多少对小兔，所以，这个月的小兔对数，等于上个月的大兔对数。根据前面的分析，上个月的大兔对数应该等于上上个月的兔子对数 a_3，所以 $a_5=a_3+a_4$。推到一般情形，有

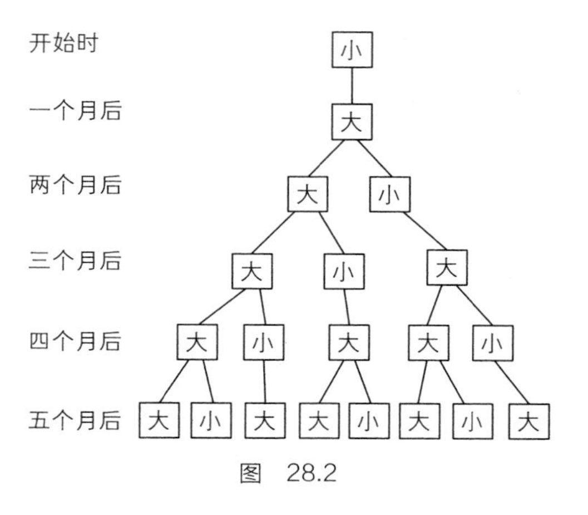

图　28.2

$$a_{n+2}=a_n+a_{n+1}$$

其初始条件是 $a_0=1, a_1=1$。

这样，假如我们知道了上两个月的兔子对数，就可以求出下一个月的兔子对数，即由原来的和一个月后的兔子对数 a_0 和 a_1，可以求出两个月后的兔子对数 a_2，再由 a_1 和 a_2 求得 a_3，由 a_2 和 a_3 求得 a_4……

数列的规律，大致有两种表示法。一种就是上面说的用递推式表示，另一种是用通项式表示。通项式揭示了某一项（第 n 项）和项数（n）之间的关系，而递推式揭示了前项（或者前两项、前三项……）和后项的关系。

譬如，首项是 1，公差是 2 的等差数列——其实，等差数列这个词的本义是揭示前项和后项的关系，即反映了递推的思想——首项是 1，后项比前项大 2，那么第二项是 1+2=3，第三项比第二项又大 2，于是第三项是 3+2=5。写成递推式是

$$a_{n+1}=a_n+2$$

写成通项式是

$$a_n=2n-1$$

通项式的好处是，可以用 n 直接求出 a_n。比如上面这个等差数列，求它的第 100 项，只需将 $n=100$ 代入即得。而假如用递推式，就只能一项一项地求，从第一项求出第二项，从第二项求出第三项……目前，大家在中学阶段比较重视通项，这也是有缘故的。在我求学的年代，是用通项式计算出每一项来。通项式和递推式是可以相互转化的，这里就不赘述了。

随着计算机的诞生，递推思想成为极其重要的思考问题的模式，因为计算机不怕麻烦，它只要求方法划一，就可以一次一次地往下算。譬如对“世界末日”问题来说，计算机就是按一个算式（$2a_n+1$）不断计算，把所算得的结果再代入，又得到新的结果，再代入，再得出结果……这种工作叫迭代。

迭代与递推，在本质上是一回事儿。譬如，我们过去求解：当 $x=3$ 时，多项式 $2x^3+3x^2-5x-1$ 的值，方法就是将 3 代入，得

$$2\times3^3+3\times3^2-5\times3-1=65$$

但对计算机来说，这种做法并不方便。计算机通常会将这个三次多项式转化为

$$ax^3+bx^2+cx+d=[(ax+b)x+c]x+d$$

的形式，即

$$2x^3+3x^2-5x-1=[(2x+3)x-5]x-1$$

这样，计算机只要做两个动作：先乘 x，再加入下一项的系数。这两个动作是重复的，有时是循环的，计算机处理起来就十分拿手。图 28.3 是相应的框图。

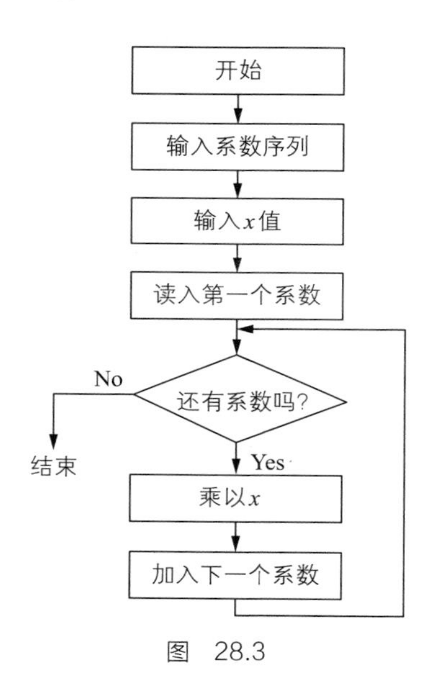

图 28.3

我们来看一下，计算机是怎么计算 $\sqrt{2}$ 的。计算机先确定递推公式

$$x_{n+1}=\frac{1}{2}\left(x_n+\frac{2}{x_n}\right)$$

然后计算这个极限的近似值。先取一个初始的值，比如，认为 $\sqrt{2}$ 近似等于 1，这个 1 就可以作为 x_1，于是有

$$x_2=\frac{1}{2}\left(1+\frac{2}{1}\right)=1.500\ 000\ 0$$

$$x_3=\frac{1}{2}\left(1.5+\frac{2}{1.5}\right)\approx 1.416\ 666\ 7$$

$$x_4=\frac{1}{2}\left(1.416\ 666\ 7+\frac{2}{1.416\ 666\ 7}\right)\approx 1.414\ 215\ 7$$

只用三次迭代，就能求得$\sqrt{2}$的很精确的近似值了。

过去，人们用镰刀、锄头耕种，后来有了拖拉机，镰刀和锄头就基本用不上了；过去，人们只能人工做菜，现在，机器人也可以代替人类厨师了——看来不少人将在未来转行了……同样，过去用一支笔、一张纸就可以研究数学，现在，计算机改变了我们的行为和思维，递推和迭代思想一下子成了“最香”的饽饽。很多数学知识和数学的思维方式都要向计算机科学靠拢，人们称之为“计算机思维”。但是，科技还在发展，实际上，如今已经出现互联网思维了——我们的思维方式也要不断进步啊！

29 抽屉原则和平均值原理

匈牙利著名的数学家保罗·埃尔德什听说，有位 12 岁的少年路易·波绍聪明过人，于是，埃尔德什就出了一道题，想考一考小波绍。这道题是这样的：

试证明：从 1, 2, 3, 4, …, 99, 100 这 100 个数中随意取出 51 个，其中至少有两个是互质的。

小波绍思考了一会儿，说："假如这里有 50 个杯子，把 1、2 这两个数放在第一个杯子里，把 3、4 这两个数放在第二个杯子里，把 5、6 这两个数放在第三个杯子里……把 99、100 这两个数放在第 50 个杯子里。因为我们要挑 51 个数，而一共只有 50 个杯子，所以至少有一个杯子里的两个数全被挑出来了。而在同一个杯子里的两个数是连续自然数，因此，它们必定是互质的。"

这位小波绍后来也成为当代出色的数学家。他证明这道题所用的方法就叫"抽屉原则"。

抽屉原则是这样的：假如有 3 个苹果被放到 2 个抽屉里，那么可以断言，至少一个抽屉里有 2 个或 2 个以上的苹果。这是很容易想通的事情：倘若所有抽屉里都只放了 1 个苹果，或没有苹果，那么 2 个抽屉一共最多只有 2 个苹果，而现在却有 3 个苹果，所以这种假设是不可能的。

苹果可改为鸽子，抽屉可改为鸽笼，所以"抽屉原则"也叫作"鸽笼原理"。可别小看了这个原理，它的用处可大着呢！它是一个新兴的数学分支，一门研究如何安排事物的学问——"组合数学”里的一个重要法则。

这里，我们用 $[x]$ 表示不超过 x 的最大整数，比如：

$$[5.1]=5$$
$$[5]=5$$
$$[-2.3]=-3$$

利用记号 $[x]$，我们可以把抽屉原则表述成：

将 n 个物品放在 m 个抽屉里（$n>m$），如果 n 是 m 的倍数，那么至少有一个抽屉里的物品数不小于 $\dfrac{n}{m}$；如果 n 不是 m 的倍数，那么至少有一个抽屉里的物品数不小于 $\left[\dfrac{n}{m}\right]+1$。

下面我们举例来说明抽屉原则的用处。

有位小学老师在上数学课时，在黑板上写下了 π 的值：“3.141 59...”

有位小朋友举手问老师：“这个省略号是怎么来的呢？”

这位老师不假思索地回答道：“这当然是因为除不尽，才得来的。”

其实，这位老师回答错了。这位老师所说的“除不尽”当然指的是两个整数相除，然而，当两个整数相除却除不尽时，就会得到无限小数。但是，这时只能得到无限循环小数，不会得到无限不循环小数。为什么当两个整数相除却除不尽时，必定会出现循环呢？让我们看一个简单的例子：1 ÷ 7。列竖式解答：

```
     0.142857···
  7 ) 10
       7
      ---
       30
       28
      ---
        20
        14
       ---
         60
         56
        ---
          40
          35
         ---
           50
           49
          ---
            1
           ···
```

当每次减法所得的差出现重复时，商里的数就会出现循环，比如除到第 6 步，得差 1，与原来的 1 重复，之后的除法过程就重复了。

那么，这些差会不会出现重复呢？会重复的。这是因为这些差都小于 7，因此只会出现 0、1、2、3、4、5、6 这七种可能。一旦出现 0，就除尽了——不在我们要讨论的范围里。这样还余下六种可能。而试商可以无限次地进行，所以至多除 7 次，差必定要重复出现。

两个整数相除，当除不尽时，必循环。其实，这里就用到了抽屉原则：“七次除法，差只有六种可能结果”与“七个苹果放到六个抽屉里”，是完全一样的。

这个例子也启发了我们，在将最简分数 $\frac{1}{p}$ 化为小数时，如果得到的结果是一个循环小数，那么因为做除法时的“差”最多只有 $p-1$ 种，所以最多做 p 次除法时，“差”就会出现重复，也就是说，循环节的位数最多是 $p-1$ 位。将上述 $1\div7$ 的例子改为将 $\frac{1}{7}$ 化为小数，该循环小数的循环节正好就是 6 位。（想一想：一定是

$p-1$ 位吗？）

例 1　在一个边长为 1 的正方形里任意放 9 个点，试证：在以这些点为顶点的各个三角形中，必有一个三角形的面积不大于 $\frac{1}{8}$。

证明：如图 29.1，把正方形分成 4 个小正方形，将 9 个点放在 4 个小正方形中，由抽屉原则可知，至少有一个小正方形中至少有 3 个点。

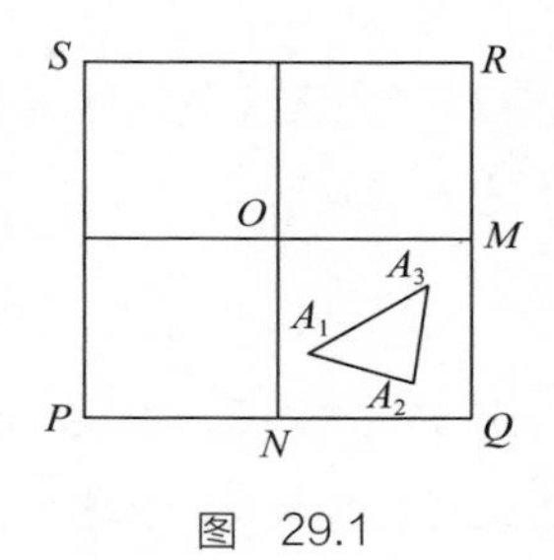

图　29.1

不妨设 A_1、A_2、A_3 三点在同一个小正方形中，可以证明

$$S_{\Delta A_1A_2A_3}\leqslant\frac{1}{2}S_{四边形ONQM}$$

这个证明比较烦琐，但只要多次运用“等底、等高的两三角形等积”这一原理，就可以证得。

$$\therefore\ S_{\Delta A_1A_2A_3}\leqslant\frac{1}{8}S_{四边形PQRS}$$

例 2　一个口袋里装了红、黄、蓝三种颜色的球各 20 个。从袋中任意摸球，如果要确保一次摸出的球中至少有 15 个球同色，那么至少应摸几个球？

解：设一次至少应摸 x 个球，且 x 不是 3 的倍数。x 个球分成红、黄、蓝三色，则至少有一种颜色的球不少于

$$[\frac{x}{3}]+1\ （个）$$

为了确保一次摸出的球中至少有 15 个球同色，应有

$$[\frac{x}{3}]+1=15$$

$$\therefore [\frac{x}{3}]=14$$

解得 $x_1=42$，$x_3=43$，$x_3=44$。由于 $x_1=42$ 是 3 的倍数，与所设矛盾，舍去。x 的最小值应是 43。而对于 x 是 3 的倍数的情形，所得的 x 值大于 43 了，也应予以排除。

因此，为确保一次摸出的球中至少有 15 个同色，应一次摸出 43 个球来。如果一次摸出的球少于 43 个（且大于 14 个），当然还是可能有 15 个球是同色的，但也不排除“最倒霉”的情形，比如，一次摸出 42 个球，恰巧有红、黄、蓝各 14 个。

平均值原理

有一个凸四边形 $ABCD$，以 AB、BC、CD、DA 为直径分别作圆，那么这 4 个圆能不能覆盖整个四边形呢？

所谓“覆盖”就是盖住、遮住，而且允许重叠，也就是说，四边形 $ABCD$ 中的任意一点都有一个或几个圆盖住了它。在四边形内或边界上任取一点 P（图 29.2），连接 PA、PB、PC、PD，有

$$\angle APB+\angle BPC+\angle CPD+\angle DPA=360°$$

既然 4 个角相加等于 360°，则有可能所有角都相等，即都等于 90°；也有可能有大有小，但若其中一个角小于 90°，那必定要有角大于 90°，否则它们的和就不可能是 360°。因此在这些角中，至少有

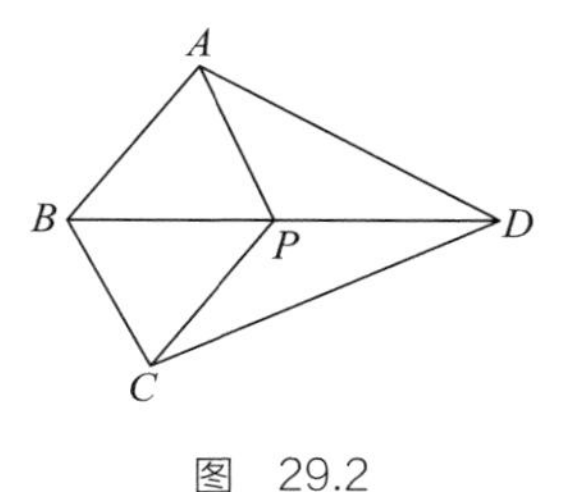

图 29.2

一个角不大于 90°，且至少有一个角不小于 90°。倘若 4 个角都大于 90°（或都小于 90°），那它们的和就大于（或小于）360°。注意，90° 是这 4 个角的度数的算术平均数。

我们不妨假定∠APD≥90°，于是点 P 就必被以 AD 为直径的圆所覆盖。因为点 P 是任意的，且任意的点都被某一个圆盖住，所以凸四边形 $ABCD$ 必可被 4 个圆覆盖。

如果题设中增加一个条件“四边形 $ABCD$ 的对角线不互相垂直”，那我们还可以证明，凸四边形 $ABCD$ 中没有被 4 个圆都盖住的点。

在四边形 $ABCD$ 内任取一点 P，连接 PA、PB、PC、PD，则∠APB、∠BPC、∠CPD、∠DPA 不全是直角——如果它们全是直角，那么点 P 必是凸四边形 $ABCD$ 的对角线的交点，这时，两条对角线必然是互相垂直的，与题设矛盾。假设 4 个角中有且只有一个直角，余下 3 个角的和为 270°，那么这 3 个角中必定有大于 90° 的，有小于 90° 的（如果它们都小于 90°，那么它们的和就小于 270°；如果它们都大于 90°，那它们的和大于 270°）。不妨假设∠APB<90°，那么点 P 必定在以 AB 为直径的圆之外（有且只有两个直角的情形，类似可证）。所以，存在不被 4 个圆都盖住的点。

这里并没有什么深奥的道理，除了利用平面几何的一些简单知识之外，就是用到了算术平均值的特点：

如果有 $a_1+a_2+\cdots+a_n=A$，那么至少有一个加数不大于算术平均数 $\frac{A}{n}$，并且至少有一个加数不小于算术平均数 $\frac{A}{n}$。

这个原理就叫作“平均值原理”。平均值原理还有一些变式，比如：

如果有 $a_1+a_2+\cdots+a_n<A$，那么至少有一个加数小于算术平均数 $\frac{A}{n}$。

而“大于”的情况与此类似。不难看出，平均值原理是抽屉原则的推广：

如果各加数以及它们的和 A 都是正整数，且 A 不是 n 的倍数，如 $n=2, A=3$，即 $a_1+a_2=3$，那么，a_1、a_2 中至少有一个不小于 $\frac{3}{2}$（根据平均值原理）。但 a_1、a_2 是正整数，所以 a_1、a_2 中至少有一个不小于 2。

可以看出，其中 $A=3$ 就是抽屉原则中的苹果总数，$n=2$ 就是抽屉数，a_1、a_2 就是放在第一个和第二个抽屉中的苹果数。

平均值原理十分易懂，而且用处十分广泛，特别适用于证明“存在”的问题。

例 3　若 a, b, c 是实数，且 $A=a^2-2b+\frac{\pi}{2}$，$B=b^2-2c+\frac{\pi}{3}$，$C=c^2-2a+\frac{\pi}{6}$。

求证：A, B, C 中至少有一个大于 0。

证明： $A+B+C=(a^2-2b+\frac{\pi}{2})+(b^2-2c+\frac{\pi}{3})+(c^2-2a+\frac{\pi}{6})$

$$=(a-1)^2+(b-1)^2+(c-1)^2+(\pi-3)$$

由于 $(a-1)^2$、$(b-1)^2$、$(c-1)^2$ 都不小于 0，且 $\pi>3$，所以 $A+B+C>0$。根据平均值原理，A, B, C 中至少有一个大于它们的

平均值（0）。

例 4　操场上有 10 个白点，分别站着 10 个孩子，它们之间的距离各不相同。一声令下，每个孩子都奔向最靠近自己的白点处。求证：此时，没有某个白点可以聚集 6 个或 6 个以上的孩子。

证明：倘若此时某个白点 P 处聚集了 6 个以上的孩子，那么这些孩子原先分别站在白点 $A_1, A_2, \cdots, A_6$ 处，则

$$\angle A_1PA_2+\angle A_2PA_3+\angle A_3PA_4+\angle A_4PA_5+\angle A_5PA_6+\angle A_6PA_1=360°$$

如图 29.3，这 6 个角中至少有一个不大于它们的平均度数 60°。我们不妨设 $\angle A_1PA_2 \leqslant 60°$，连接 A_1A_2。于是有两种可能。

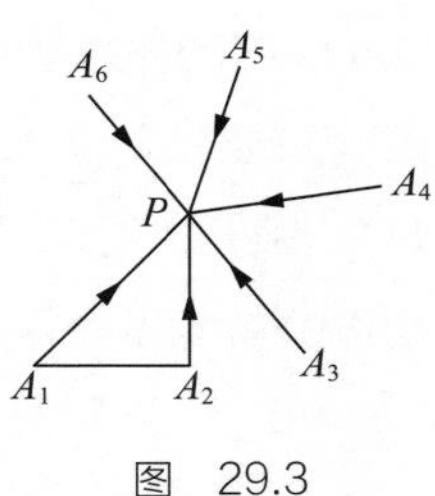

图　29.3

(1) 如果 $\angle A_1PA_2<60°$，则 $\angle A_1$、$\angle A_2$ 满足 $\angle A_1+\angle A_2>120°$。于是，$\angle A_1$、$\angle A_2$ 中至少有一个大于 60°。不妨设 $\angle A_2>60°$。此时 $\angle A_2>\angle A_1PA_2$，所以 $A_1P>A_1A_2$。那么，原先位于 A_1 的孩子就应该奔向 A_2，而不应该奔向 P，这与奔向 P 的假设矛盾。

(2) 如果 $\angle A_1PA_2=60°$，则 $\angle A_1+\angle A_2=120°$。要么 $\angle A_1$、$\angle A_2$ 也都等于 60°，要么 $\angle A_1$、$\angle A_2$ 中至少有一个大于 60°。在前一种情形中，$\triangle A_1PA_2$ 是正三角形，与操场上 10 个白点间距离全不相等矛盾；而后一种情形与 (1) 类似。

总之，两种可能都会引出矛盾。所以，此时任何一点都不可能聚集 6 个或 6 个以上的孩子。

和式有（算术）平均值原理，那么积式有没有类似的原理呢？

有的。

如果 $a_1 \cdot a_2 \cdot a_3 \cdots a_n = A$，那么，$a_1, a_2, a_3, \cdots, a_n$ 中至少有一个因数 a_i 满足

$$|a_i| \leqslant \sqrt[n]{|A|}$$

并且，至少有一个因数 a_j 满足

$$|a_j| \geqslant \sqrt[n]{|A|}$$

在讲“正难则反”的那一章中，我们提到了“筛法”：在制作 100 以内的质数表时，要筛去 100 以内的合数；而在剔除这些合数时，只要剔除 2、3、5、7 的倍数就可以了。为什么不要特地剔除 11、13、17 的倍数呢？这是因为，100 以内的任何一个合数 A 总可以分解为两个因数 m 和 n（非 1 和 A 本身）的积。设

$$m \cdot n = A \leqslant 100$$

由（几何）平均值原理可知，m 和 n 中至少有一个不大于 $\sqrt{100}$，即不大于 10。不妨设 $m \leqslant 10$。m 本身可能就是质数，此时 m 必是 2、3、5、7 中某一个数的倍数，所以 A 总是 2、3、5、7 中某一个数的倍数。因此，如果剔除 2、3、5、7 的倍数，就相当于已经把 100 以内的一切合数都剔除了。

最后说一句：我们在前面讲过逻辑量词“每一个”“有一个”，抽屉原则也好，平均值原理也好，它们其实都和量词有关系，重要的是触类旁通。

30 等高线

现在，计算机断层扫描术（简称 CT）已经在各大医院普及。想知道一个人的某个脏器有没有病变，做个 CT，等一会儿检查结果就出来了。我们所说的 CT“片子”实际上就是一张张照片。原来，这就是通过高科技成像，把脏器一层层“切”开来，而这些照片就是截面的照片。

面对立体图形，数学家常用的办法也是把它们一层层“切”开，利用多张平面图将这个立体弄清楚。化立体为平面，化复杂为简单，这是数学家的思维方法，也就是前面提到的化归。

祖暅原理

实际上，关于 CT 成像的原理，人们早有认识，比如数百年前发现的微积分，其中的定积分就是把一个立体无限细分得出的结果。中国的祖暅原理早就提出相关思想了：两个立体，如果用任意的平面去截，截得的截面面积都相等，那么这两个立体的体积相等。在国外，同样的原理是卡瓦列里发现的，因此叫“卡瓦列里原理”。其实，他的发现比祖暅晚了 1000 多年（图 30.1）。

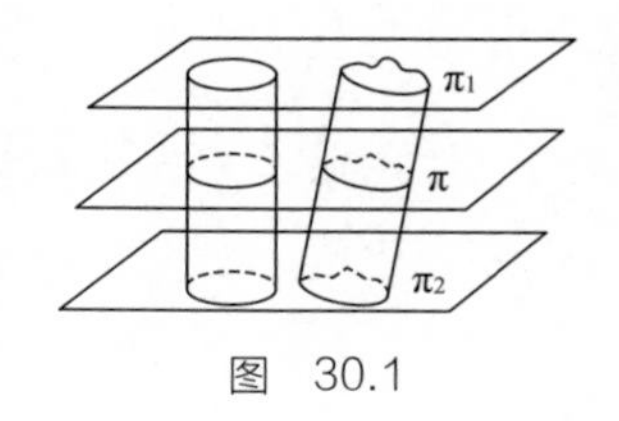

图 30.1

祖暅的目的是研究圆、球等一系列数学问题，他利用了一个怪怪的立体——“牟合方盖”。但“牟合方盖”的结构复杂，不容易想象。为了说明祖暅原理，我们用另一个实例。这个实例不是祖暅创立的，但用的是祖暅的思想，而且通俗易懂。这个例子的目的是求球体积。

先作两个立体，一个是半球，其半径为 R（图 30.2 左）；另一个是圆柱，其底半径是 R，高也是 R，然后从中挖去一个圆锥（图 30.2 右，倒置着），为方便讲解，我们且称这个立体为圆槽。将这两个立体如图 30.2 那样放置在同一桌面上。

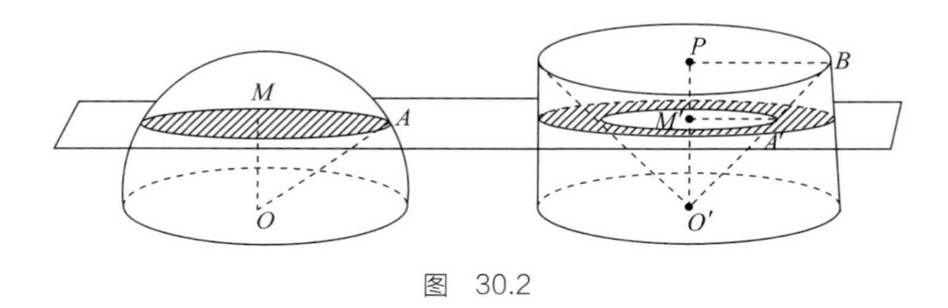

图 30.2

设想用平行于桌面的平面切这两个立体。如果这个平面距离桌面的高度 h 是 0，那么两个立体的截面都是半径为 R 的圆——其面积显然是一样的。

如果这个平面距离桌面的高度 h 是 R，那么这两个立体的截面面积都是 0，也是一样的。

如果这个平面距离桌面的高度 h 在 0 和 R 之间，那又会怎么样呢？这时，它在半球上的截面是一个圆，而在圆槽上的截面是个圆环。我们来研究一下它们的面积是不是相等的。

先看半球。在△OAM 中，$OA=R$，$OM=h$，所以

$$AM=\sqrt{R^2-h^2}$$

于是有

$$S_{圆}=\pi(R^2-h^2)$$

再看圆槽。在$\triangle O'BP$中，$O'P=BP=R$，$O'M'=h$，所以

$$A'M'=h$$

于是有

$$S_{圆环}=S_{大圆}-S_{小圆}=\pi R^2-\pi h^2$$

也就是说，截面面积还是相等的。

假如两个立体，用任意一个截面去截，所得的截面积都相等，那么祖暅原理告诉我们，这两个立体的体积是相等的。所以，有

$$\begin{aligned} V_{半球} &= V_{圆槽} \\ &= V_{圆柱}-V_{圆锥} \\ &= \pi R^3-\frac{1}{3}\pi R^3 \\ &= \frac{2}{3}\pi R^3 \end{aligned}$$

于是，球体积等于$\frac{4}{3}\pi R^3$。

祖暅原理体现了一种思维方法：立体的东西可以变成平面的东西——把三维转化为二维。祖暅原理和定积分其实是相通的。

等高线

化三维为二维，这种数学思维还可以运用于线性规划。

地图上的山脉常常被画成一圈一圈的线，这些线叫作“等高线”。实际上，设想用某一高度的平面去切一座山，山的周边就形

成一圈线；再用另一个高度的平面去切，又得到一圈线……等高线就是这么得来的。位于同一等高线上的点的海拔高度是一样的，不同等高线上的点的高度是不一样的。采用了等高线后，（平面的）地图就有了“立体感”（图 30.3）。

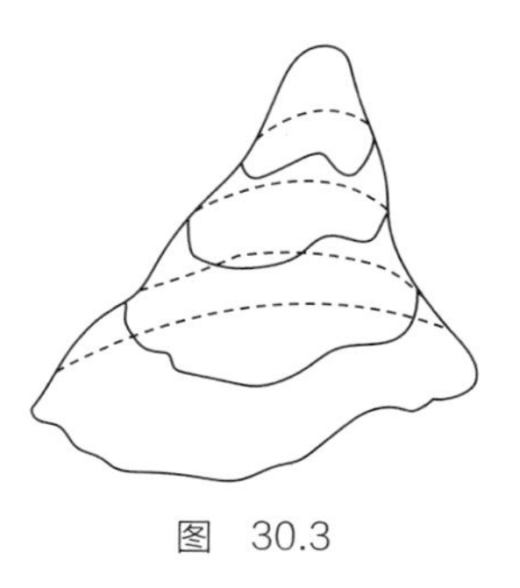

图 30.3

等高线的思想在数学中也有所体现。如图 30.4，弧$\overset{\frown}{AmB}$上的点有一个指标是相同的，就是与 A、B 的张角的度数是一样的。譬如点 C_1、C_2，相应的张角$\angle AC_1B$、$\angle AC_2B$ 是相等的。如果把与 A、B 的张角值比作“海拔高度”的话，那么$\overset{\frown}{AmB}$就相当于一条“等高线”。

经过 A、B 作另一个稍大一点儿的弧$\overset{\frown}{AnB}$（图 30.5）。尽管$\overset{\frown}{AnB}$上的点对 A、B 的张角都相等，但分别位于$\overset{\frown}{AmB}$、$\overset{\frown}{AnB}$上的点，对 A、B 的张角是不相等的。如果$\angle AC_1B=k$ 的话，则$\angle ADB<k$。所以，$\overset{\frown}{AmB}$、$\overset{\frown}{AnB}$可以被看成两条不同的“等高线”。

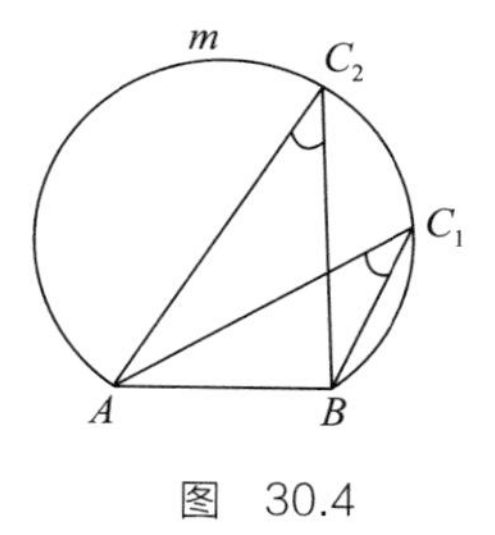

图 30.4

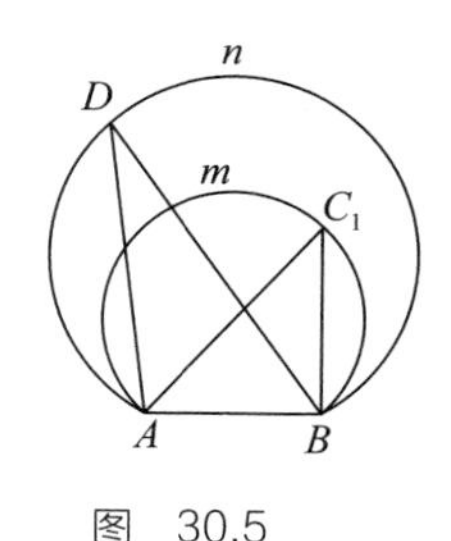

图 30.5

曾经有一道高考题，稍作变动后是这样的：

数轴 Oy 上有 A、B 两点，求数轴 Ox 上的点 P，使$\angle APB$ 有最大值。

在考虑这道题时，可以先过 A、B 任画一圆，譬如，我们先画圆 O_1。其 y 轴右侧的弧是条“等高线”。其上的点与 A、B 的张角为一个固定值（记作 k_1），但它与 Ox 没有交点。

再作圆 O_3，同样过 A、B，但较圆 O_1 大得多。其 y 轴右侧的弧也是一条“等高线”，显然，这一条“等高线”上的点与 A、B 的张角（记作 k_2）较 k_1 要小。

圆 O_3 与 Ox 有两个交点 Q、R，显然 $\angle AQB = \angle ARB = k_2 < k_1$。

过 A、B 的圆越大，其右侧弧上的点与 A、B 的张角越小；相反，圆越小，张角越大。为了得到较大的张角，应该从比圆 O_1 大的圆上，比圆 O_3 小的圆上去找。但是，所求的点应在 Ox 上，所以，只能从与 Ox 有公共点的圆中去找。不难看出，应该作出过 A、B，且与 Ox 相切的圆 O_2，圆 O_2 与 Ox 的切点 P 就是所求的点（图 30.6）。

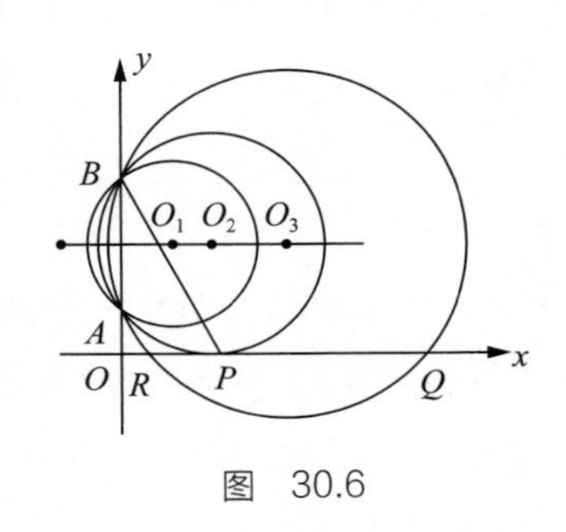

图 30.6

利用等高线思想来解决数学问题时，首先要认清哪个指标是我们关心的。在这道题中，我们关心的是与 A、B 的张角，这个指标相当于地图中的“海拔高度”。然后，令这个指标等于某一个值，就可以画出一条“等高线”；再令这个指标等于另一个值，又可画出一条“等高线”……总之可以画出一组“等高线”。最后，结合其他要求从中选出一条“等高线”，并在这条“等高线”上选出适当的点。

例1　设 R 为平面上以 $A(4, 1)$, $B(-1, -6)$, $C(-3, 2)$ 三点为顶点的三角形区域（包括内部及边界）。试求当 (x, y) 在 R 上变动时，函数 $4x-3y$ 的极大值和极小值（图 30.7）。

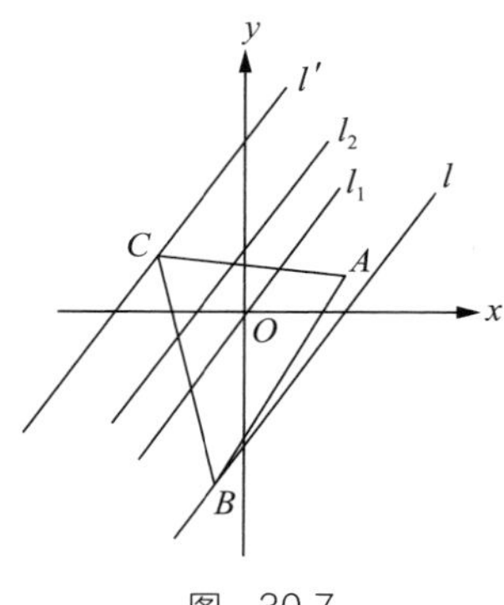

图　30.7

解： 令 $4x-3y=0$，可以画出直线 l_1（过原点）。这是使 $4x-3y=0$ 的等高线。

再令 $4x-3y=-7$，可以画出直线 l_2。这是使 $4x-3y=-7$ 的等高线。

……

不难知道，当 $4x-3y$ 被赋予不同值时，我们可以画出一组平行线（不同的等高线）。在这组平行线中，位置靠左上方的 $4x-3y$ 的值较小，位置靠右下方的值较大。所以，为使 $4x-3y$ 的值最小，应考虑过点 C 的直线 l'。此时，设

$$4x-3y=k$$

因为过 $C(-3, 2)$，所以

$$4\cdot(-3)-3\cdot2=k$$

解得 $k=-18$。所以，l' 的方程是

$$4x-3y=-18$$

即 $4x-3y$ 的最小值是 -18。

如果使 $4x-3y$ 的值最大，应考虑过点 B 的直线 l。容易知道，l 的直线方程是

$$4x-3y=14$$

解得 $4x-3y$ 的最大值是 14。

数学有一个分支叫线性规划，本章的例 1 就是线性规划问题，而等高线思想就是线性规划中的一个方法——单纯形法的核心思想。

31 整体思想

已故的著名数学家苏步青教授在国外学习时，见到这么一道题目：

甲、乙两人从相距50千米的两地同时出发，相向而行。已知甲的速度是4千米/时，乙的速度是6千米/时。从出发开始，甲牵着的狗就以30千米/时的往乙奔去，当狗遇到乙时，又返回奔向甲，当遇到甲的时候，又回头奔向乙……直到甲、乙两人相遇。问：狗共奔走了多少千米？

题目求的是狗奔走的路程，而狗奔走的路程又可以分成甲到乙、乙到甲、再甲到乙、再乙到甲……很多段。如果你想先求出每一段路程，然后再相加，得到狗奔走的总路程，这是十分困难的。大多数人一见到这道题，至少一开始，就是这样想的。

然而，苏步青想了一下，就给出了解答：

甲、乙两人走了 $\frac{50}{4+6}=5$ 小时之后相遇；狗奔走了5小时，每小时奔走30千米，所以，狗奔走的路程是 $30\times5=150$ 千米。

苏步青没有去求狗奔走的一段段路程，而是从总体上计算狗奔走了多少时间，从而很快地解出了这道题目。这种思想就是“整体思想”。

通常，我们常常先求出一些基本元素，然后根据这些基本元素再求出需要的解答。但是有时候，这种先分解再综合的方法太繁，这时候，如果跳过细节，从整体上去认识问题，思考问题，却可以使问题变得十分简单。

这里所谓的整体是相对的，有时候是整个问题所求的数据，有时候是计算的某个中间值。整体思想是一种重要的思想方法，当然并不排斥把事物分解的重要性。

在数学领域中，这种整体思想的例子也有不少。让我们看看下面几个例子。

整个式子当整体

设某个整体为辅助元或未知元，再进行代换，这就是整体代换。整体代换也是一种换元思想。

例 1　一个六位数 $\overline{2abcde}$ 的 3 倍等于 $\overline{abcde9}$，求这个六位数。

分析： 题设有 a, b, c, d, e 这 5 个未知数，一般来说，需要有 5 个方程才能解。但是，如果你这样做了，马上会发现找不出 5 个方程。题设中，5 个数字结合的顺序没有变动，因此，我们可以把这 5 个数字结合成一个数来看，也就是把它们看作一个整体。

解： 设 $\overline{abcde}=x$，则

$$3\cdot(200\ 000+x)=10x+9$$

解得 $x=85\ 713$，故所求六位数是 285 713。

例 2　计算 $\dfrac{2(\sqrt{2}+\sqrt{6})}{3\sqrt{2+\sqrt{3}}}$。

分析： 这个式子里，根号套根号，难以化简，但将它平方后，根号可能会少些。

解： 设 $\dfrac{2(\sqrt{2}+\sqrt{6})}{3\sqrt{2+\sqrt{3}}}=x$，于是

$$x^2=\frac{4(8+4\sqrt{3})}{9(2+\sqrt{3})}=\frac{16}{9}$$

因为 $x>0$，所以 $x=\dfrac{4}{3}$，即

$$\frac{2(\sqrt{2}+\sqrt{6})}{3\sqrt{2+\sqrt{3}}}=\frac{4}{3}$$

中间量当整体

先研究一个问题中的某个中间量，把这个中间量当作一个整体，把整个问题看成该中间量的函数。

例 3　分解因式：$(x+1)(x+2)(x+3)(x+4)+1$。

分析： 如果把式子展开就会得到一个四次式，难以分解。考虑到 $(x+1)$, $(x+2)$, $(x+3)$ 和 $(x+4)$ 这 4 个式子很“整齐”，一定有规律可以利用。事实上，只要头尾项搭配，中间两项搭配，就得到两个二次三项式，其二次项和一次项的系数都是相同的。

解： 原式 $=[(x+1)(x+4)]\times[(x+2)(x+3)]+1$

$=(x^2+5x+4)(x^2+5x+6)+1$

$=(x^2+5x)^2+10(x^2+5x)+25$

$=(x^2+5x+5)^2$

这里把中间量 (x^2+5x) 当作一个整体，或者说，作为中间变量 u，那么原式就被当作关于 u 的函数，再进行分解因式。

例 4　已知 $x=\sqrt{3}-1$，求 $\dfrac{3-2x^2-4x}{x^2+2x-1}$ 的值。

分析： 如果直接将 $x=\sqrt{3}-1$ 代入，肯定是很麻烦的。把 x 的某个式子 $f(x)$ 作为一个整体（我们说过，“整体”是相对的），求出它的值，而同时，我们要求值的式子也可以转化为 $f(x)$ 的组合。这样一来，结果就很容易求得了。

解： 因为 $x=\sqrt{3}-1$，有

$$(x+1)^2=(\sqrt{3})^2$$

所以 $x^2+2x=2$。而原式

$$\begin{aligned}&=\frac{3-2(x^2+2x)}{(x^2+2x)-1}\\&=\frac{3-2\times 2}{2-1}\\&=-1\end{aligned}$$

例 5　已知 $x^2+3x+5=7$，则代数式 $3x^2+9x-2$ 的值是（　　）。

(A) 0　　(B) 2　　(C) 4　　(D) 6

分析： 通常可以解方程 $x^2+3x+5=7$，得 x 的值，再代入代数式 $3x^2+9x-2$，这样显然麻烦了。考虑到两个代数式的二次项和一次项的系数成比例，可以考虑整体代入。

解：

$$\begin{aligned}&3x^2+9x-2\\&=3(x^2+3x+5)-17\\&=3\times 7-17\\&=4\end{aligned}$$

故选 C。本题也可以将 x^2+3x 作为整体（$x^2+3x=2$）代入。大家自己试试。

例 6　方程 $x^2-3x-17=0$ 的两根是 x_1, x_2，不解方程求 $x_1^3+x_2^3$。

解：
$$\begin{aligned} x_1^3+x_2^3 &= (x_1+x_2)(x_1^2-x_1x_2+x_2^2) \\ &= (x_1+x_2)(x_1^2+2x_1x_2+x_2^2-3x_1x_2) \\ &= (x_1+x_2)[(x_1+x_2)^2-3x_1x_2] \\ &= (x_1+x_2)^3-3x_1x_2(x_1+x_2) \end{aligned}$$

由韦达定理，上式等于 $3^3-3\cdot(-17)\cdot 3=180$。

我们并未求出方程的根 x_1，x_2，而是把所求代数式进行适当变形，利用韦达定理计算中间量的值，最后解决问题。其实，这道题还可以求 $x_1^4+x_2^4$，$\frac{1}{x_1}+\frac{1}{x_2}$ 等的值。但在运用韦达定理时，要注意一个前提——所给方程存在实数根，这个条件必须成立。

整体思考

本章开头，苏步青先生采用的方法就是整体思考。我们再来看看其他例子。

例 7　从 A 地到 B 地，前一段是上坡路，后一段是下坡路。某邮递员骑自行车从 A 到 B 需 2 小时 40 分钟，从 B 返回 A 需 2 小时 20 分钟。已知 A 到 B 的总路程是 36 千米，邮递员骑车上坡速度比下坡速度慢 6 千米 / 时。从 A 到 B 的上坡路、下坡路各有多长？

分析：按常规，应该设上坡速度为 x 千米 / 时，下坡路程为 y 千米，然后列出方程

$$\begin{cases}\dfrac{y}{x}+\dfrac{36-y}{x+6}=2\dfrac{2}{3}\\ \dfrac{36-y}{x}+\dfrac{y}{x+6}=2\dfrac{1}{3}\end{cases}$$

显然，这样做比较麻烦。如果考虑邮递员从 A 到 B 之后，再从 B 回到 A，在回程中，原先的下坡变成了上坡，原先的上坡变成了下坡，这样，原先不知道上坡和下坡分别是多少路程，现在，在一个来回中，却可以知道，上坡路程和下坡路程都是 36 千米。

解： 设从 A 到 B 时上坡速度为 x 千米 / 时，那么下坡速度是 $(x+6)$ 千米 / 时。于是有

$$\frac{36}{x}+\frac{36}{x+6}=2\frac{2}{3}+2\frac{1}{3}$$

解得 $x=12$ 千米 / 时。

再设从 A 到 B 时的上坡路程为 y 千米，有

$$\frac{y}{12}+\frac{36-y}{12+6}=2\frac{2}{3}$$

解得 $y=24$ 千米。所以，从 A 到 B 时上坡路程为 24 千米，下坡路程为 12 千米。

例 8　证明：两个一元二次方程 $x^2+ax+a=0$, $x^2-x-2a-1=0$ 中至少有一个方程有实数根。

分析： 将两个方程逐一考虑，难以证明。将两个方程的判别式 Δ_1, Δ_2 一起作为一个整体考虑，就好办了。

证明： $\Delta_1+\Delta_2=(a^2-4a)+[1-4(-2a-1)]$

$$=a^2+4a+5$$

$$=(a+2)^2+1>0$$

根据平均值原理，Δ_1，Δ_2 中至少有一个大于 0，即至少有一个方程有实数根。

整体构造

几何也需要整体思维。在添加辅助线时，我们有时需要将图形补全，使之形成一个整体，要么变为一个我们熟悉的图形，要么达到条件或结论能“集中”在一起的目的。从整体角度考虑添辅助线，可以叫补全图形法。

例 9　已知六边形 $ABCDEF$，其六个内角都是 120°，且 $AB=1$，$BC=3$，$CD=3$，$DE=2$，求这个六边形的周长。

分析： 如图 31.1，又各内角为 120°，不难发现有两种方法可以尝试，一是，延长 CB, FA, FE, CD 构成平行四边形；二是双向延长 AB, EF, CD 构成等边三角形。

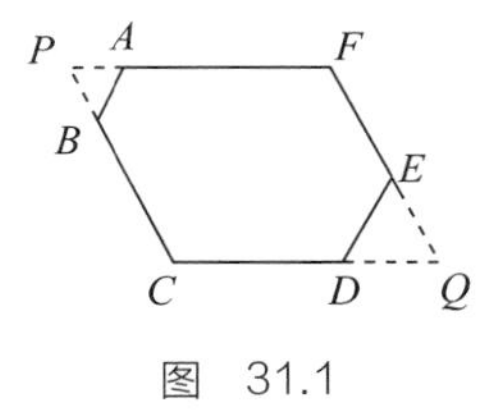

图 31.1

解法一： 延长 CB, FA 相交于 P，延长 FE, CD 相交于 Q，

$\because \angle FAB=\angle ABC=120°$，$\angle F=\angle C=120°$

$\therefore \angle PAB=\angle PBA=60°$

$\therefore \triangle PAB$ 为等边三角形，

$\therefore \angle P=60^\circ$，$PA=PB=AB=1$

同理可证：$\therefore \angle Q=\angle P=60^\circ$，$DQ=EQ=DE=2$

$\therefore$四边形 $PCFQ$ 为平行四边形，

$\therefore PF=CQ=5$，$FQ=PC=4$

$\therefore AF=4, EF=2$，所以六边形 $ABCDEF$ 的周长是 15。

解法二：（证明略）双向延长 AF, DE, BC，它们分别交于 P, Q, R 三点，易证$\triangle PEF$, $\triangle QAB$, $\triangle CDR$, $\triangle PQR$ 都是等边三角形，易求 $AF=4$，$EF=2$，所以六边形 $ABCDEF$ 的周长是 15（图 31.2）。

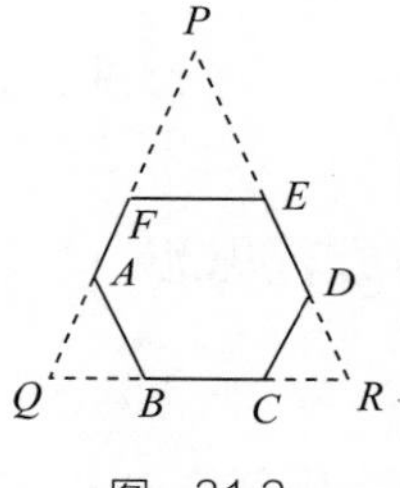

图 31.2

其实，整体思想是符合人的认识规律的。一位人工智能专家说过，一个婴儿认识妈妈，不是先认识妈妈的眼睛，再认识妈妈的鼻子……而是先从总体上感觉到这位是自己的妈妈，那位不是自己的妈妈。其实，何止是婴儿，即使是成年人，如果只给你看你妈妈的鼻子的照片，再让你看她的眼睛的照片……你也很难判断这些照片凑起来是不是妈妈，除非妈妈的鼻子长得与众不同。可见，先分解还是先综合，着眼局部还是着眼整体，我们应该根据具体情况灵活应用。

32　字母代表数

字母代表数，这是代数的基础。一开始，同学们可能不习惯，但慢慢地就能体会它的好处了。数学里有那么多公式都用字母表示，有人要为这种方法叫好，但是，有时正因为用了字母，不少人被弄得头昏脑涨的，甚至见了就害怕。有人害怕数学，这恐怕是重要原因之一。

我们就来讨论一下，字母被引进数学后，带来的种种“麻烦”。

方程思想

“鸡兔同笼”这类难题用算术方法解答太困难，所以很多小学老师都不再讲给学生听了。问题是这样的：

鸡兔同笼，数一下，一共有 74 个头，234 只脚。问：笼里有几只鸡、几只兔子？

如果我们知道的是鸡与兔子的只数，然后计算笼里一共有几个头、几只脚，那就十分方便了。一只鸡有一个头，一只兔子也有一个头，鸡的只数与兔子的只数加起来，就是笼里头的总数；一只鸡有 2 只脚，一只兔子有 4 只脚，所以鸡的只数乘 2，加上兔子的只数乘 4，就得到笼里脚的总数。可现在是反过来了，鸡的只数、兔子的只数不知道，而知道的是它们的头的总数和脚的总数，反求鸡和兔子的只数。这确实难住了不少同学，直抱怨出题人：“你就不能打开笼子，自己数清楚有几只鸡、几只兔子吗？”

那么，用算术方法怎么做这道题呢？可以这么思考：

假想笼里的兔子能像人一样“唰”的一声抬起一双前腿，仅用后腿站立起来；这时，动物的头的总数仍是 74 个，但脚的总数一定是 $74\times2=148$ 只。然而，题目告诉我们，兔子抬腿前共有 234 只脚。从 234 只脚中减去 148 只，还有

$$234-148=86\text{（只）}$$

兔子在“唰”地一下抬起前腿时，一双双前脚就从笼的底层消失了。而每只兔子都有 2 只前脚消失，所以，这消失的 86 只前脚属于 $86\div2=43$ 只兔子。

兔子的数量求出来了，而动物的总头数 74 减去兔子数 43，就知道鸡一共有

$$74-43=31\text{（只）}$$

你看，用算术解题还得有丰富的想象力，要能想象兔子“唰”地一下子抬起前腿站立起来！算术解法难，原因何在？无非是算术解法中，只允许已知数参与运算。其实，鸡或兔的只数尽管是未知的，而一旦求出来，它就是一个数，我们不如暂时把它当作一个数，让它参与运算，这样问题就好解决了。

于是，设鸡有 x 只，那么兔子有 $74-x$ 只。因为鸡有 2 只脚，兔子有 4 只脚，所以一共有 $2x+4(74-x)$ 只脚。而题目中说，笼里共有 234 只脚，所以 $2x+4(74-x)=234$ 。不难解出 $x=31$ 。可知鸡有 31 只，兔子有 43 只。

别小看了“未知数参与运算”这一思想。这一现在看来很自然的事，却是人们经历了长期摸索才得到的一种数学思想。方程和算术有极大的不同。有学者说：

如果河对岸有一块宝石，那么算术方法是摸索着过河，到达对岸，取得宝石；而方程方法则是将一根带钩子的绳子甩过河，把宝石（未知数）钩住（建立一种关系），然后把绳子慢慢地拉过来，最后得到宝石。二者的思维方向是不同的。

在初中阶段学习方程时，有不少同学的脑子怎么也转不过弯儿来：他们拿到一道应用题，还是用算术方法思考，只是最后多写上一个 x 而已；在设未知数时，这个设为 x，那个也设为 x……可见，方程思想不是每个人一下子就能接受的，列方程的具体做法也不是每个人一下子就能学会的。

方程思想在数学中太重要了，可以说，它渗透在各个角落，不但有中学里学到的以数为未知量的方程，将来还有以函数为未知量的方程，譬如微分方程。

参数

有个古老的故事，你也许听说过。有一位老人在临终的时候，决定把自己的财产——17 匹马——分给他的三个儿子。老人规定大儿子得总数的 $\frac{1}{2}$，二儿子得 $\frac{1}{3}$，小儿子得 $\frac{1}{9}$。

三个儿子凑在一起盘算了一下，老大应得

$$17\times\frac{1}{2}=8\frac{1}{2}\text{（匹）}$$

老二应得

$$17\times\frac{1}{3}=5\frac{2}{3}\text{（匹）}$$

老三应得

$$17\times\frac{1}{9}=1\frac{8}{9}\text{（匹）}$$

可他们想，马怎么可以有$\frac{1}{2}$、$\frac{2}{3}$、$\frac{8}{9}$匹呢？

正在为难之际，来了一位骑着马的智者。智者听完了他们的诉说，笑着说："这有何难！"三个儿子忙问良策。智者不慌不忙地下了马，并把自己的马放到这 17 匹马的马群中去，说："现在有 18 匹马了，它的$\frac{1}{2}$是$18\times\frac{1}{2}=9$匹。"于是，老大高高兴兴地牵走了 9 匹马。接着算下去，它的$\frac{1}{3}$是$18\times\frac{1}{3}=6$匹，老二也欢欢喜喜地牵走了 6 匹马。它的$\frac{1}{9}$是$18\times\frac{1}{9}=2$匹，老三分得的虽然少了些，但也无异议。三人共分掉的马的数量是$9+6+2=17$匹。

还余下一匹马，智者把自己的马又牵走了。

这个解法不能算常规意义下的数学解法。如果以后遇到"除不尽"的问题，你就自说自话地从某个地方借个 1 或 2，还说："这就除尽了！"那老师非把你骂一顿不可。但是，在这个解法中，先借用一匹马，最后再把它还掉，这种现象倒是十分有趣。在数学中，常常引进的"参数"就如同智者的那匹马一样：先引入它，等问题解决了，它也就被消去了。参数就像智者的马一样，是解决问题的"媒介"。

参数本质上也是未知数。譬如，中学阶段的代数学习中常用到待定系数法，这个"待定系数"实际上就是一个参与运算的未知数。

例1　分解因式：$a^2(b-c)+b^2(c-a)+c^2(a-b)$。

解： 当 $a=b$ 时，原式为0，这说明，把原式当作 a 的多项式时，有根 b，也就是说，原式必含因式 $(a-b)$。同理，原式必含因式 $(b-c)$、$(c-a)$。

原式是三次式，$(a-b)(b-c)(c-a)$ 也是三次式，所以原式除含有 $(a-b)$、$(b-c)$、$(c-a)$ 三个因式外，最多再含有一个常数因子。设这个因子为 k，则

$$a^2(b-c)+b^2(c-a)+c^2(a-b)=k(a-b)(b-c)(c-a)$$

将两边展开，比较系数，k 必须等于 -1。所以有

$$\text{原式}=-(a-b)(b-c)(c-a)$$

你看，这个常数因子 k 是未知的，它就是一个参数，我们先让它参与运算，这不也是方程思想吗？

例2　直线在 x、y 轴上的截距分别是 -2 和 2，求直线方程。

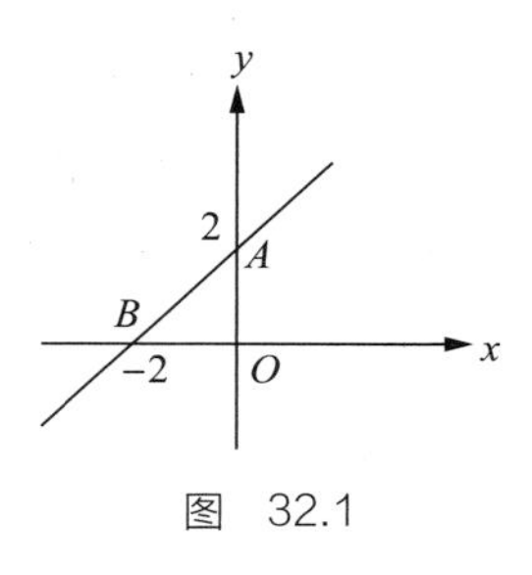

图　32.1

解法一： 设该直线与 x、y 轴分别交于 A 和 B 两点（图32.1），显然 OA 和 OB 长度相等，因此 $\triangle AOB$ 是直角三角形，有 $\angle OAB=45°$。于是直线斜率

$$k=\tan\angle OAB=1$$

又因为直线在 y 轴上的截距是2，所以直线方程为 $y=x+2$。

解法二： 设直线方程是 $y=kx+b$。因为直线过 $A(0, 2)$、

$B(-2, 0)$，所以$(0, 2)$，$(-2, 0)$必适合方程，于是有

$$\begin{cases} 2 = k \cdot 0 + b \\ 0 = k \cdot (-2) + b \end{cases}$$

解得

$$\begin{cases} k = 1 \\ b = 2 \end{cases}$$

所以，直线方程为$y = x + 2$。

很容易看出，解法一运用了算术与图形结合的方法，就是利用了一次函数式$y=kx+b$中斜率、截距的几何意义；解法二用的是待定系数法，设的参数，即未知数k、b参与了运算，这用的就是方程思想。

例 3　当$a:b=c:d$时，证明：$\dfrac{a+b}{a-b}=\dfrac{c+d}{c-d}$。

证明： 令$\dfrac{a}{b}=\dfrac{c}{d}=k$，则

$$左 = \frac{a+b}{a-b} = \frac{bk+b}{bk-b} = \frac{k+1}{k-1}$$

$$右 = \frac{c+d}{c-d} = \frac{dk+d}{dk-d} = \frac{k+1}{k-1}$$

$$\therefore \frac{a+b}{a-b} = \frac{c+d}{c-d}$$

这一证明过程中的k就是参数。

参数法是重要的解题方法，有多种技巧，此处限于篇幅，我不打算过多叙述。我们的重点要放在理解意义上。下面我要转入我

自己认为更重要的问题的讨论。

关于字母的深入讨论

方程里有未知数，又包含参数，已经够让人头疼。然而，关于字母的“麻烦”远远不止于此。函数里也用到了字母：有自变量、因变量，还有一个函数记号f。可见，字母不仅可以代表“数”，还可以代表别的东西。函数里的字母所引起的问题，丝毫不亚于方程。

先看第一个例子。

在学习反函数时，有不少人对换字母的问题感到困惑，例如，求$y=f(x)=2x+1$的反函数。

先解出x：

$$x=\frac{y-1}{2} \tag{1}$$

再换字母，说：$y=2x+1$的反函数是

$$y=\frac{x-1}{2} \tag{2}$$

不少同学弄不懂了：反函数究竟是(1)还是(2)？

再看第二个例子，在研究函数的奇偶性的时候，有些同学对$f(-x)$这一表达方式百思不得其解，而老师却只是轻描淡写地说：“在$f(x)$中，x用$-x$来代替。”

x怎么可以随随便便就用$-x$代替呢？如果我做一道题，得到

的结果是 3，你能说可以用 −3 代替 3 吗?

再看第三个例子，在研究半角公式时，书上是这样推导的：

$$\because \cos^2 2x = 1 - 2\sin^2 x$$

$$\therefore \sin^2 x = \frac{1-\cos 2x}{2} \tag{3}$$

于是，有

$$\sin^2 \frac{x}{2} = \frac{1-\cos x}{2} \tag{4}$$

怎么好端端的 x，自说自话地改成了 $\frac{x}{2}$ 了呢?

这些困惑，很多同学都有，甚至可以说，有些同学到了高中毕业，也没有弄清楚其中的道理。下面，我们来比较深入地讨论一下。

原来，在用字母代表数或别的事物时，要注意以下三点：

- 第一，不同的事物要用不同的字母表示，这是**差异性**；
- 第二，在同一个问题中，开始时使用什么字母，可以是随意的，即有**随意性**；
- 第三，一旦选定字母，这个字母就要保持**同一性**，即一个字母的意义保持不变。

列方程解应用题，可以设变量为 x，也可设同一个变量为 u。平方差公式可以写成

$$a^2 - b^2 = (a+b)(a-b)$$

也可以写成

$$x^2 - y^2 = (x+y)(x-y)$$

两个函数只要对应规则、定义域一样，就是同一个函数，与选用什么字母无关，所以，可以把一个函数写成

$$y = x^2$$

也可以写成

$$u = v^2$$

这些都体现了选取字母的随意性。

然而，在研究一个问题时，一开始选取字母代表数时，可以随意选择，但一旦选定以后，就不能随意改换，要保持字母意义的同一性。同时，在同一问题中，不同的量就要用不同的字母表示。

比如，在初学列方程时，有的同学设甲的速度是 x，设乙的速度也是 x，这就不对头了。差异性、随意性、同一性其实很容易理解，然而毛病往往出在这里。实际上，人们有很多习惯用法，这些习惯的本意是为了方便，但也让初学者感到该方法和同一性相悖，于是初学者的脑子就混乱了，很多“想不通”的问题常常和此有关。

在函数式 $y = f(x)$ 里，x、y 是表示变量的字母，f 是表示函数关系的（字母并不是只能代表数的），不同的函数，就要用不同的字母来表示函数关系，如

$$y = f(x) \text{ 及 } y = \varphi(x)$$

违反同一性是不允许的。但是，在有些场合，为了突出主要问题的研究，为了简化过程，在大家不会引起误解的情况下又允许有些变通。

一方面，我们说，一个函数（$y=2x+1$）和它的反函数$\left(y=\dfrac{x-1}{2}\right)$，一般对应规则并不相同，所以是不同的函数，如果采用字母 f 来记原来的函数的对应规则（如 $f(x)=2x+1$），那么它的反函数不能采用同一字母 f 来表示对应规则（不能表示为 $f(x)=\dfrac{x-1}{2}$）。另一方面，(1) 和 (2) 却是相同的函数（因为对应规则相同），说 $y=2x+1$ 的反函数是 (1) 也对，(2) 也对（这两个式子可以用同一个字母来表示对应关系，(1) 可记为 $x=f^{-1}(y)$，(2) 可记为 $y=f^{-1}(x)$），而平常只说 $y=2x+1$ 的反函数是 (2)，只是尊重习惯而已。

这个习惯、变通，说起来蛮轻松的，但确确实实把不少同学“坑”苦了。

上面谈的是表示对应关系的字母，下面分析表示变量的字母。

(1)(2) 两式里，反映变量的字母 x 和 y 意义是不同的。如果有谁想求 $x=3$ 时，$y=?$，这就得说明用的是 (1) 式还是 (2) 式。看来，在求反函数的过程中，前后的 x、y 并没有保持同一性，但因为本问题的中心是研究函数，无妨大局，习惯上是允许的。

这种习惯的处理方法还有不少，如前面提到的半角公式推导。确实，这里的 x，也没保持同一。按理说，应在 (3) 式中令 $x=\dfrac{u}{2}$，则有

$$\sin^2\frac{u}{2}=\frac{1-\cos u}{2} \tag{5}$$

而因为 (5) 式与 (4) 式反映的关系是相同的，而且，(5) 式将作为一个半角公式独立使用，所以改为 (4) 也可以。

还有，在研究函数奇偶性时，有些人对 $f(-x)$ 百思不得其解。那么，为什么可以将 x 换成 $-x$ 呢？

其实，譬如 $f(x)=\sin x$，那么，我们可以令 $x=-u$，则有

$$f(-u)=\sin(-u) \tag{6}$$

然而，(6) 式与

$$f(-x)=\sin(-x) \tag{7}$$

反映的关系是相同的，因而简单地说，$f(-x)$ 可以被看作用 $-x$ 代替 x 的结果。实质上，这么轻描淡写的一句话，其来历有一个过程：先为了保持字母意义的同一性，进行换元（令 $x=-u$）。接着，为了方便，在大家不会误解的场合，将 u 改为 x。两步并成一步，就成了所谓的“用 $-x$ 代替 x”。

你看，一方面说要保持同一性，另一方面又允许所谓的习惯用法——在保持函数符号意义不变、公式不变的情况下，却允许放弃字母的同一性，这确实不太容易理解。

有些同学对上述内容的理解其实是不透彻的，但这些问题又非常重要，特别对进一步学习高等数学来说是非常有价值的。可以这样说，弄得清还是弄不清这些问题，往往是某个人的数学修养好还是不好的一个监测点。

33　算法

中国古代数学曾高度发展，但有些西方学者既不了解，也不承认中国古代数学的光辉成就，将其排斥在数学主流之外。吴文俊院士对我国古代数学进行研究后指出，世界的数学有两个源流：一个是古希腊的公理化数学，一个是中国古代的机械化数学，即算法。这个观点石破天惊，不但为我国数学发展史正了名，而且指出了数学发展的一个方向。同时，吴文俊院士身体力行，把算法的研究和应用推向了一个新高度。在晚年，吴老不顾自己年事已高，转向研究几何的机械化证明，并创造了被国际上赞誉为“吴法”的突破性成果。

在电子计算机飞速发展的今天，算法越来越显示出它的强大威力。

数学家在解决一类问题时，常常把自己的成果归结为两种形式。一是归结为一个公式，如一元二次方程的求根公式。在中小学阶段，我们对公式接触得比较多。二是归结为一套解决问题的规则，这种规则就是“算法”。

例 1　两个小孩和一队士兵同在小河的南岸，小河中仅有一只小船。小船的容量有限，每次只能载一个大人或两个小孩。问：这两个小孩能不能帮助这队士兵渡过河去？

解：两个小孩先划船过河。然后一个小孩再划船回南岸。这时，一个士兵可以乘船过河去，空船由另一个小孩划回来。再有两个小孩过河，一个回来，然后过去一个士兵，另一个小孩回来。最终可以将整队士兵运过河去。

上述算法被编成框图（图 33.1）就一目了然了。

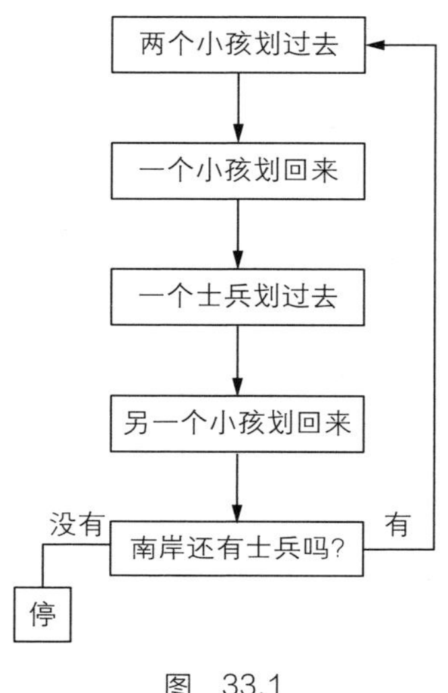

图 33.1

现在，中小学生也加强了算法的学习，教科书上还介绍了关于辗转相除法的算法——求两个整数的最大公约数的方法蛮多，譬如，可以用分解质因数的方法、短除法等。这里介绍一下辗转相除法。

例 2　求 134 和 102 的最大公约数。

解：$134 \div 102 = 1 \ldots\ldots 32$

将 134 除以 102，商为 1，余 32。方便起见，我们将上式改写成

$$134 = 1 \times 102 + 32 \tag{1}$$

将 102 除以 32，商 3，余 6，写成

$$102 = 3 \times 32 + 6 \tag{2}$$

将 32 除以 6，商 5，余 2，写成

$$32 = 5 \times 6 + 2 \tag{3}$$

将 6 除以 2，商 3，余为 0，写成

$$6 = 3 \times 2 + 0 \tag{4}$$

由 (4) 式可知 2 是 6 的约数。由 (3) 式可知，2 必定也是 32 的约数。由式 (2) 可知，2 还是 102 的约数。最后看 (1) 式，可知 2 是 134 的约数。所以，2 是 102 和 134 的公约数，而且还可以证明 2 是它们的最大公约数。上述步骤可以合起来写成图 33.2 的样子。

① −1	134 102	102 96	3 − ②
③ −5	32 30	6 6	3 − ④
	2	0	

图　33.2

这个方法很有规律，也很古板，但经过有限步，一定可以求出两数的最大公约数。

- 第一步，给出两个整数 $x, y\,(x>y)$，用大的数（被除数）x 除以小的数（除数）y，得余数 r。
- 第二步，将上面除数 y 变成被除数，上面所得的余数 r 变成除数，做除法。
- 第三步，重复第一步，直到余数为 0。

图 33.3 是这个程序的框图。

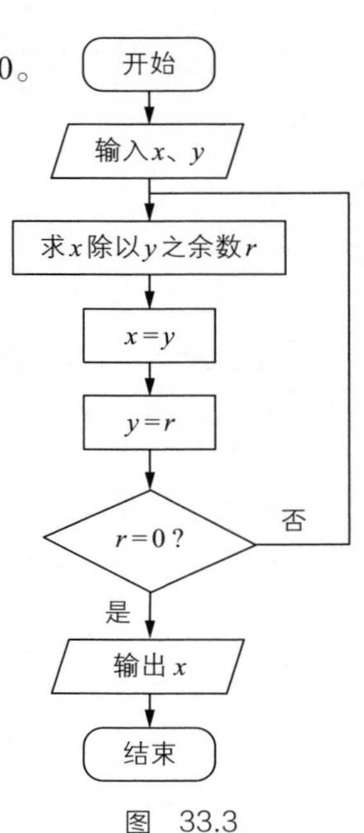

图　33.3

辗转相除法又叫欧几里得法。我国的《九章算术》中的“更相减损术”与它原理相同。请注意，辗转相除法也好，更相减损术也好，它们都不是公式，而是用一套“古板”的步骤，按这种步骤，我们可以一步步达到目的，这就是算法。

比如，等差数列的定义是：从第二项起，每一项与其前一项的差等于同一个常数，这类数列就是**等差数列**；而这个常数叫作等差数列的**公差**，常用字母

d 表示。

第一项是 1，$d=2$ 的等差数列的定义反映的就是一种算法。但在计算第 100 项的时候，好像就比较麻烦了，于是我们推导出通项公式

$$a_n=1+2(n-1)$$

如果想求第 100 项，直接代入 $n=100$ 就可以了。对于这种数列来说，用通项公式求解比较方便。

但是，我们再看一个数列——著名的斐波那契数列：

$$1, 1, 2, 3, 5, 8, 13, 21, 34, 55, 89\cdots$$

它的特点是，第一项是 1，第二项也是 1，从第三项开始，每一项等于前面两项之和。那么，斐波那契数列的通项公式是怎样的呢？

$$a_n=\frac{1}{\sqrt{5}}\left[\left(\frac{1+\sqrt{5}}{2}\right)^n-\left(\frac{1-\sqrt{5}}{2}\right)^n\right]$$

哇，怎么出现根号啦？斐波那契数列的每一项明明都是正整数啊……可我们有什么办法呢？事实就是这样。

谁愿意用这个古怪的通项公式去求第 100 项的值呢？咱们还是用定义，老老实实地一项项求吧。这个定义就反映了一种算法。当然，一项项地去求第 100 项也有点儿麻烦，好在，电子计算机可以帮忙。电子计算机不怕麻烦，而且很听话，只要是重复的事情，它都能“复制不走样”，所以，计算斐波那契数列的第 100 项不要太轻松哦！

计算斐波那契数列第 n 项的框图如图 33.4。

千方不要小看了算法，认为算法不如公式那么“漂亮”“爽快”。其实，第一，有些问题根本不存在相应的公式，如五次以上的方程就没有求根公式；第二，有些问题即使存在公式，但太复杂，如斐波那契数列，人们不愿意用它。

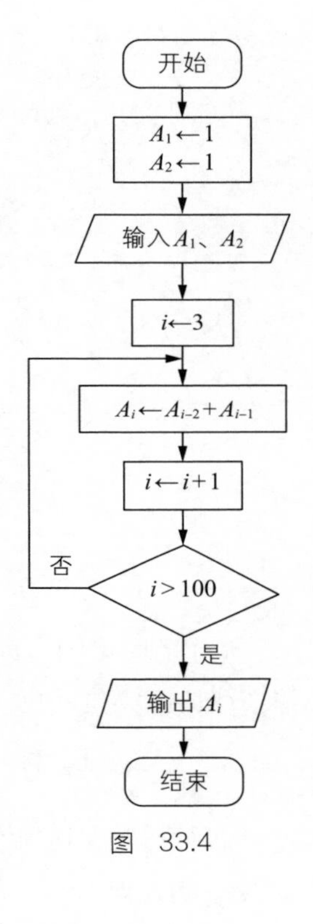

图 33.4

本章开头说到，吴文俊院士在计算机证明几何定理方面创造了“吴法”；后来，张景中院士进一步研究几何的机器证明，并得到了“张法”。

张景中院士提供的策略叫消点法，思路十分易懂，不过需要一点儿准备知识。第一个是“共高定理”：如果两个三角形的高相同，那么这两个三角形的面积之比等于底之比。如图 33.5，若 M 在直线 AB 上，P 为直线 AB 外一点，则有

$$\frac{S_{\Delta PAM}}{S_{\Delta PBM}} = \frac{AM}{BM}$$

图 33.5

第二个是“共边定理”：如果两个三角形的底相同，那么

(1) 这两个三角形面积之比等于高之比；

(2) 如图 33.6，这两个三角形各自不在共边上的两个顶点的连

线 AB 和共边（或它的延长线）交于 M，那么两个三角形的面积之比等于 $AM:BM$。

如图 33.6，若两直线 AB 和 PQ 交于 M，则有

$$\frac{S_{\Delta QPA}}{S_{\Delta QPB}}=\frac{AM}{BM}$$

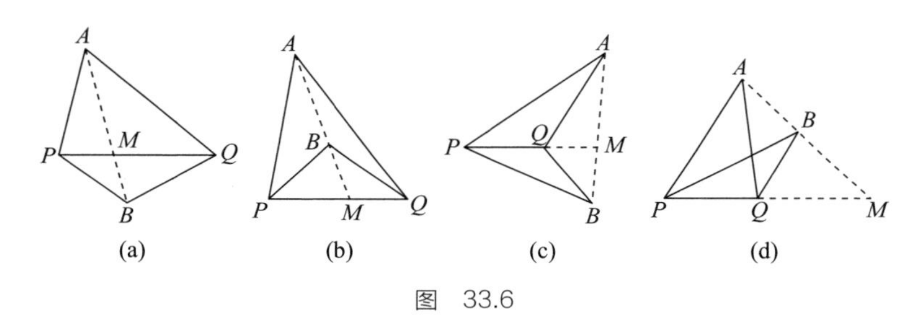

图 33.6

(1) 是显然的。证明 (2) 的时候，只要过 A、B 作 PQ 的垂线，利用相似三角形知识，就可以证明 $AM:BM$ 等于两个三角形的高之比。于是得证。

很简单吧，这里没有什么深奥的知识。下面看怎么用这两个定理来证明几何问题，大家特别要注意证明的思路——消点法。

例 3　如图 33.7，已知在△ABC 中，$AD:DC=1:2$，$BE:EC=3:2$，求 $DF:BF$。

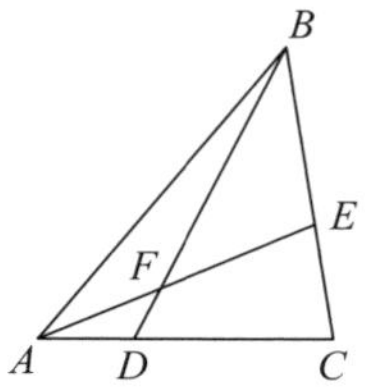

分析：把图中 6 个点分为三组：第一组为点 A, B, C，我们把这组点叫作自由点。

第二组为点 D, E。这两个点由第一组点约束产生——什么意思？有了 A, C 两点，才有点 D，

图　33.7

因为 $AD:DC=1:2$，点 D 是把 AC 分成 $1:2$ 的分割点；同样，

有了 B, C 两点才有点 E。第三组为点 F，它也是约束点，因为有了 AE, BD，才有点 F，也就是说，要有前面 5 个点才能有 F。因此，我们把第一组叫作自由点，后两组叫作约束点，即受到自由点的某种约束产生的点。

约束点之间也有先后关系，由自由点 A, B, C 出发，先出现了约束点 D, E；有了 D, E 才能得到 F；D, E 约束的级别比较高，点 F 级别比较低。这种点之间的制约关系，对解题至关重要。

既然约束点 D, E 由自由点 A, B, C 确定，那么它们肯定可以用自由点 A, B, C 之间的数量关系呈现出来。同样，低级约束点 F 肯定可以用自由点 A, B, C 和高级约束点 D, E 的数量关系表示出来。

解：

第一步，因为 $\triangle AED$ 和 $\triangle AEB$ 有共同的底 AE，根据“共边定理 (2)”，有

$$\frac{DF}{FB}=\frac{S_{\triangle ADE}}{S_{\triangle AEB}}$$

注意等式的右边没有了点 F，形象地说，我们把点 F“消去”了。

第二步，把上式做变换，把右边的分子、分母同乘 $S_{\triangle AEC}$，然后将式子转化为两个分式的积：

$$\frac{S_{\triangle ADE}}{S_{\triangle AEB}}=\frac{S_{\triangle ADE}}{S_{\triangle AEC}}\cdot\frac{S_{\triangle AEC}}{S_{\triangle AEB}}$$

式子右边第一个分式中的两个三角形 $\triangle ADE$ 和 $\triangle AEC$ 有共同的高，于是它们的面积之比应等于其底之比，即 $AD:AC=1:3$。注意，点 E 也被消去了！同样的道理，第二个分式等于 $EC:BE=2:3$。

于是，

$$\frac{DF}{FB}=\frac{S_{\triangle ADE}}{S_{\triangle AEB}}=\frac{S_{\triangle ADE}}{S_{\triangle AEC}}\cdot\frac{S_{\triangle AEC}}{S_{\triangle AEB}}=\frac{AD}{AC}\cdot\frac{EC}{BE}=\frac{1}{3}\cdot\frac{2}{3}=\frac{2}{9}$$

这么难的一道题，就这么证明完了。没有添什么复杂的辅助线，也没有用什么高级的定理——妙不妙？

可以看出，这个证法虽然很妙，但也很“古板”：约束点用自由点的关系表示，从而被消去；同样，级别低的约束点用级别高的约束点和自由点表示，从而也被消去；最终，我们得到的是关于自由点的关系式，此时，问题就被证明了。这个几何证明就是“算法化”的。它使用的“消点法”的原始想法一点儿不花哨，一点儿不复杂，可以说，是非常简单的——所谓“大道至简”，就是层层剥壳，回归本源。

34 近似

我们先学一次方程，再学二次方程，按理说，接下来该学三次方程了……但为什么课本上的内容到此戛然而止了？你想过吗？

你可能没有想过。想过和没有想过，有时候是不一样的。想过的同学，虽然可能仅仅是“想一下”而已，但这位同学其实关注了知识的发生与发展；没有想过的同学可能觉得，按部就班嘛，没有什么问题，又不会影响考试和分数……但是，大家的思维深度和广度渐渐就不一样了。可喜的是，近年来的教材常常在一个章节之后补充一点儿科普知识、数学故事等，让有兴趣的同学有更多思考的余地。

回过来看，为什么我们在中学阶段不学三次方程的问题？原因是三次、四次方程的求根公式太复杂，五次以上的方程根本没有求根公式。那么，如果我们遇到一般的高次方程该怎么办呢？那就用近似方法啊！五次以上方程没有公式，我们只能用近似的方法，而三次、四次方程尽管有公式，但我们宁可用近似方法。

在几何中，用尺规作图的方法七等分圆周是不可能的，这甚至曾被认为是几何“第四大难题”——我们知道用尺规作图的方法三等分角、倍立方、化圆为方是几何三大难题，都已经被证明是“不可能”的。但是，用近似方法七等分圆周却非常容易。画半径 OD 的垂直平分线 AB，与 OD 相交于 E，BE 就近似等于圆的内接正七边形的边长（图 34.1）。

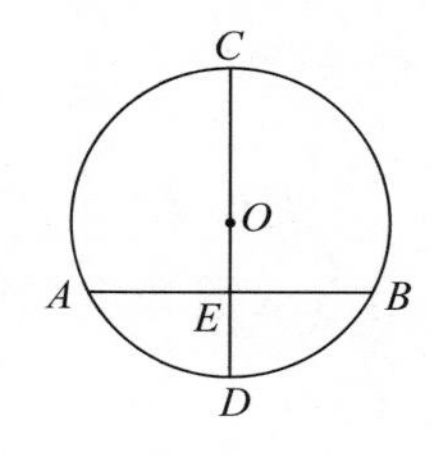

图 34.1

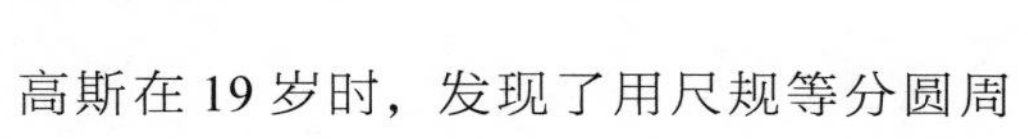

高斯在 19 岁时，发现了用尺规等分圆周

的准则：当$n=2^{2^k}+1$是质数（再乘以 2 的倍数也是可以的）时，用尺规把圆周n等分才是可能的。并且，他找到了当$k=2$时，即$n=2^{2^2}+1=17$时的作图方法，也就是把圆周十七等分的尺规作图方法。这是一个很了不起的发现，高斯本人也十分兴奋，他的墓碑上刻的就是正十七边形。但是这个“了不起”的成果实际上用起来，却没有什么“了不起”。

用尺规作图十七等分圆周是可以的，但按照这个准确的方法，圆规要被用 40 多次，直尺要被用 15 次——太烦了，而且误差会积累，即使你小心翼翼地操作，最后积累的误差也可能“差之毫厘，谬以千里”，所以大家一般都不会这么做。恰恰有个近似作法，简单得多，人们反倒愿意使用它。

如图 34.2，画半径OD的垂直平分线AB，与OD相交于E。在BE上截取$EM=OE$。BM就等于该圆的内接正十七边形的边长。

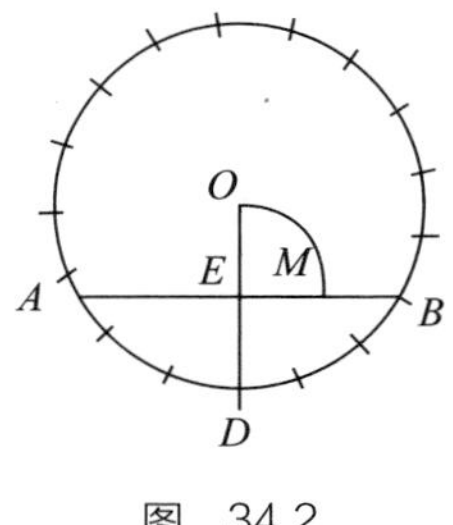

图 34.2

没有正确的方法时，一定会用到它；有正确的方法时，有时也会用到它——可见，近似方法实在不可或缺。其实，古人早已在运用近似方法了。最早，人们提出“周三径一”，就是把圆周率近似看成 3。我们今天也一直在用近似方法，“四舍五入”不就是近似方法吗？

近似方法往往与具体的生活问题和各类学科领域有关，应用方法很难归纳总结，我们大致看看有哪些地方可以用到近似方法。

“毛估估”

最初始的近似方法，是“毛估估”。

木匠作五边形，有一句常用口诀：“九五顶五九，八一两边分。”如图 34.3，画线段 $AB=1$，取中点 F。然后画 DF 垂直 AB 于 F，在其上取点 G，使 $DG=0.59$，$GF=0.95$（九五顶五九）。再过 G 画 EC 垂直 DF 于 G，使 $EG=GC=0.81$（八一两边分）。于是，五边形 $ABCDE$ 大致上就是一个正五边形了。

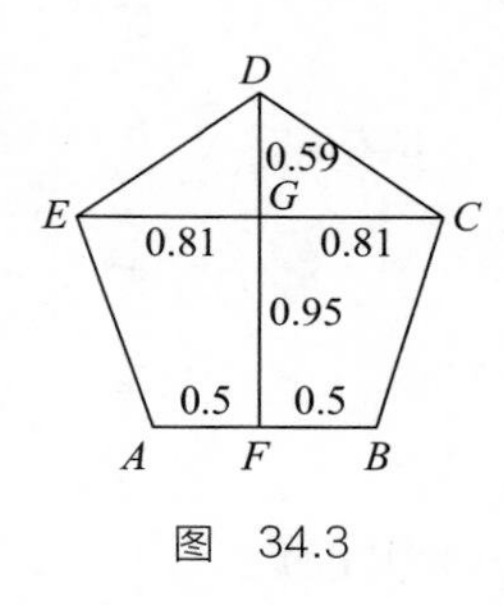

图 34.3

一般的四边形面积怎么计算？正确的方法是将其割成两个三角形，分别用三角形面积公式计算。但是，在田野里，在操场上，这样分割、计算可不太容易。我们有两个方案。

方案一：分别计算四边形两组对边的平均数，把这两个平均数相乘。

方案二：直接量四边形的两组对边的中点间距离，把这两个数相乘。

这都是近似方法，但这两种方法所算得的结果都大于真正的四边形面积（我们前面讲过南方地主和北方地主测量土地的问题了）。

比四边形更复杂的一般图形的面积怎么算？“土专家”于振善把一张地图贴在均匀的木板上，先称一下整块木板的重量，然后把所求面积的图形锯下来，称一下重量，利用比例计算出整个图形的总面积。

后来还出现了“皮克定理”：把所求的图形放在方格纸上，数一数格点的个数，然后按公式

$$面积 \approx 内部格点数 + 边界格点数 \div 2 - 1$$

计算面积。

这些方法都是“毛估估”，其中，于振善的方法是用了物理模拟。

逐次逼近

现在常用的近似方法有逐次逼近法。譬如，求解一个三次方程（我们可没有学习它的求根公式）：$x^3-4x+1=0$。

第一种做法：设左边式子为 $f(x)$，先尝试找到 x 的两个数值 x_1，x_2，使 $f(x_1)$, $f(x_2)$ 一个为正，一个为负。这时在函数 $f(x)$ 的图像中，横坐标分别为 x_1, x_2 的两点 A, B 中，有一点在 x 轴上方，一点在 x 轴下方。如果这条曲线是连续的话，那么它必定和 x 轴相交，而这个交点 C 的横坐标就是方程的根（图 34.4）。这个定理叫“零值定理”。

对于本题来说，因为当 $x=0$ 时，$f(0)=1>0$；当 $x=1$ 时，$f(1)=-2<0$，可见，在 0 和 1 之间，这个方程有一个根。我们算出 0 和 1 的平均值是 0.5（如图 34.4 中的 x_3）。

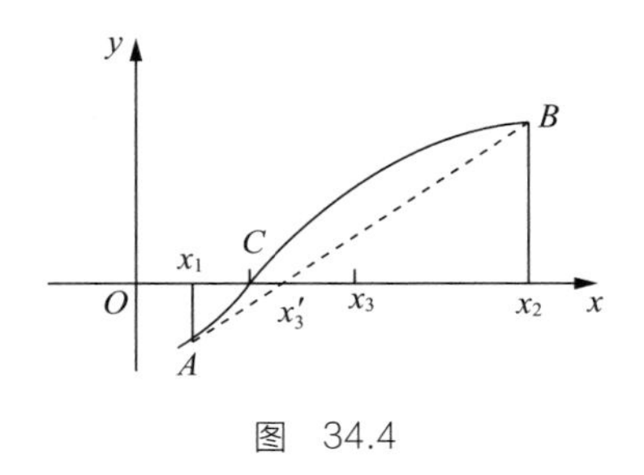

图 34.4

试试，这个 0.5 会不会正巧就是方程的根呢？这一步是“毛估

估”。一算……并不是：$f(0.5)=-0.875$。但这个结果小于 0，它和值为正数的 $f(0)$ 形成了“一上一下”之势，也就是说，在 0 和 0.5 之间应该有一个根。

这个根是几呢？试试它们的平均值 0.25！我们不断缩小范围，从 0.5、0.25……一直逼近方程的根，从而得到合适的近似根，这种做法叫“对分法”。

这里用到的找平均值的方法，也可以找直线 AB 和 x 轴的交点，这种做法叫“割线法”。

截尾

我们还常用到无穷展开式的截尾方法，进行近似计算。最常用的是无穷级数截尾，如圆周率可以用无穷展开式表示为

$$\frac{\pi}{4}=1-\frac{1}{3}+\frac{1}{5}-\frac{1}{7}+\frac{1}{9}+\cdots$$

取一项，得 $\pi=4$，

取两项，得 $\pi=2.6666...$

取三项，得 $\pi=3.4666...$

……

这个级数叫“麦克劳林级数”，它收敛得很慢，想得到 3.141 592 6...，要到猴年马月了。

后来出现的马青公式，收敛速度就快了：

$$\pi=16\times\left(\frac{1}{1\times5}-\frac{1}{3\times5^3}+\frac{1}{5\times5^5}-\frac{1}{7\times5^7}+\frac{1}{9\times5^9}\cdots\right)$$
$$-4\times\left(\frac{1}{1\times239}-\frac{1}{3\times239^3}+\frac{1}{5\times239^5}-\frac{1}{7\times239^7}+\frac{1}{9\times239^9}\cdots\right)$$

各取一项，就可以算出

$$\pi=16\times\frac{1}{1\times5}-4\times\frac{1}{1\times239}\approx3.1833$$

各取两项，得

$$\pi=16\times(\frac{1}{1\times5}-\frac{1}{3\times5^3})-4\times(\frac{1}{1\times239}-\frac{1}{3\times239^3})\approx3.1406$$

已经蛮精确了。

除了级数之外，还有无穷乘积也可以用来近似计算，如圆周率可以表示成：

$$\frac{\pi}{2}=\frac{2}{1}\cdot\frac{2}{3}\cdot\frac{4}{3}\cdot\frac{4}{5}\cdot\frac{6}{5}\cdot\frac{6}{7}\cdot\frac{8}{7}\cdot\frac{8}{9}\cdot\cdots\cdot\frac{2n}{2n-1}\cdot\frac{2n}{2n+1}\cdot\cdots$$

取一个因子，

$$\frac{\pi}{2}=\frac{2}{1},\ \pi=4$$

取两个因子，

$$\frac{\pi}{2}=\frac{2}{1}\times\frac{2}{3},\ \pi\approx2.667$$

以此类推，

$$\frac{\pi}{2}=\frac{2}{1}\times\frac{2}{3}\times\frac{4}{3},\ \pi\approx3.556$$

$$\frac{\pi}{2}=\frac{2}{1}\times\frac{2}{3}\times\frac{4}{3}\times\frac{4}{5}，\pi\approx 2.844$$

$$\frac{\pi}{2}=\frac{2}{1}\times\frac{2}{3}\times\frac{4}{3}\times\frac{4}{5}\times\frac{6}{5}，\pi\approx 3.413$$

$$\frac{\pi}{2}=\frac{2}{1}\times\frac{2}{3}\times\frac{4}{3}\times\frac{4}{5}\times\frac{6}{5}\times\frac{6}{7}，\pi\approx 2.926$$

$$\frac{\pi}{2}=\frac{2}{1}\times\frac{2}{3}\times\frac{4}{3}\times\frac{4}{5}\times\frac{6}{5}\times\frac{6}{7}\times\frac{8}{7}，\pi\approx 3.344$$

……

一会儿是过剩近似值，一会儿是不足近似值，或大或小，但最终趋近于 π。以上是截尾之后的近似值。

无穷连分数也可以用于近似计算。如 $\sqrt{2}$ 的连分数展开可用如下方法推出：

$$\because 1<\sqrt{2}<2$$

$$\therefore \sqrt{2}=1+\frac{1}{x}(x>1) \tag{1}$$

解得

$$x=\frac{1}{\sqrt{2}-1}$$

代入 (1) 右边，所以

$$\sqrt{2}=1+\frac{1}{x}=1+\frac{1}{1+\sqrt{2}} \tag{2}$$

右端还含有 $\sqrt{2}$，这个 $\sqrt{2}$ 也可以用 $1+\frac{1}{1+\sqrt{2}}$ 代替……一直替代下去，可得 $\sqrt{2}$ 的无限连分数的表示式：

$$\sqrt{2}=1+\cfrac{1}{2+\cfrac{1}{2+\cfrac{1}{2+\cfrac{1}{2+\cfrac{1}{2+\ddots}}}}}$$

要求 $\sqrt{2}$ 的近似值，只需在上述连分数里截取一部分就可以了。如

$$\sqrt{2}\approx 1$$

$$\sqrt{2}\approx 1+\frac{1}{2}=1.5$$

$$\sqrt{2}\approx 1+\cfrac{1}{2+\cfrac{1}{2}}=1.4$$

$$\sqrt{2}\approx 1+\cfrac{1}{2+\cfrac{1}{2+\cfrac{1}{2}}}\approx 1.417$$

……

黄金分割数 φ 的连分数展开式最有趣，它是由一连串的 1 组成的：

$$\varphi=\cfrac{1}{1+\cfrac{1}{1+\cfrac{1}{1+\cfrac{1}{1+\ddots}}}}$$

逐步截尾之后，可得一串近似值：

$$\cfrac{1}{1+\cfrac{1}{1}}=\frac{1}{2}$$

$$\cfrac{1}{1+\cfrac{1}{1+\cfrac{1}{1}}}=\frac{2}{3}$$

$$\cfrac{1}{1+\cfrac{1}{1+\cfrac{1}{1+\cfrac{1}{1}}}}=\frac{3}{5}$$

$$\cfrac{1}{1+\cfrac{1}{1+\cfrac{1}{1+\cfrac{1}{1+\cfrac{1}{1}}}}}=\frac{5}{8}$$

$$\cfrac{1}{1+\cfrac{1}{1+\cfrac{1}{1+\cfrac{1}{1+\cfrac{1}{1+\cfrac{1}{1}}}}}}=\frac{8}{13}$$

π 的连分数展开式是:

$$\pi=3+\cfrac{1}{7+\cfrac{1}{15+\cfrac{1}{1+\cfrac{1}{292+\cfrac{1}{1+\cfrac{1}{1+\cfrac{1}{1+\cfrac{1}{2+\cfrac{1}{1+\ddots}}}}}}}}}$$

逐步截尾之后，可得一串近似值。比如说，我国古代数学家提出的“疏率”：

$$\pi \approx 3+\frac{1}{7}$$

以及“密率”：

$$\pi \approx 3+\cfrac{1}{7+\cfrac{1}{15+\cfrac{1}{1}}} = \frac{355}{113}$$

迭代

迭代也是一种近似计算的方法（见第 28 章）。你读了这一章，应该有点儿收获吧？这种收获未必对“刷题”有多少帮助，但对于改变观念、开阔眼界却大大有益。

首先，近似是一个好东西。其次，中学数学里很少涉及无穷，其实在进入无穷世界之后，你会遇到微分、积分、级数、收敛……思维难度都要上一个台阶。但回过头来，你也可以用无穷的观点处理中学里难以解决的问题。更厉害的是，我们已经进入计算机时代了，用计算机处理近似问题实在是高！计算机很“听话”，我们设定一个程序，它就会忠实地、不知疲倦地执行，所以我们在考虑问题时，也要有计算机思维。

35 实验

应用数学家重视用实验来解决问题。

据说，发明家爱迪生曾让一个大学数学专业毕业的助手测算一只灯泡的容积。这位助手接到任务之后，想来想去找不出好办法。他量过灯泡的深、最大外径，或许他还设法推算过外壳曲面的方程式，或许他还企图利用积分来计算。总之，他很长时间都没有算出来。爱迪生过来一看，笑着对他说，用水灌满灯泡，再把这些水倒进量筒，不就可以测出它的容积来了吗？助手恍然大悟。

某乡镇企业有一只“油坦克”（图 35.1）。所谓“油坦克”就是一只卧放着的椭圆柱桶。企业负责人希望做一把尺，只要把这把尺伸进加油口，就可以很快知道“油坦克”里还有多少升油。

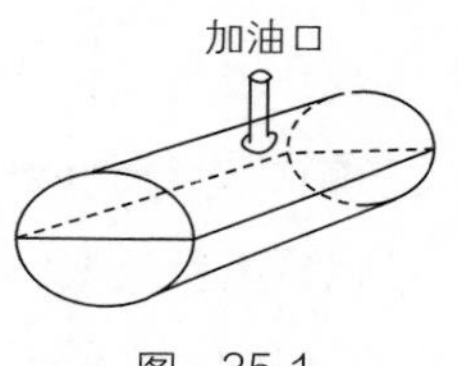

图　35.1

这个问题实际上是要列出油的体积与液面高度的函数关系，这个关系式当然可以利用微积分来求出。可企业里没有人懂微积分，怎么办呢？员工们照样解决了问题。但这些“土工程师”用的不是推理计算的方法，而是实验法。这个实验很容易做。

先往“油坦克”里倒入 10 升油，将木尺伸进去，一直到底，然后拔出来，在木尺被浸湿的地方刻一条线，标上“10 升”；然后再注入 10 升油，把木尺伸进去……反复操作，不用多少时间，一把油量刻度尺就做好了。

现代控制论提出了“黑箱”这一概念。科学家在寻找一种自然现象的规律时，基本上采用两种方法。

一种方法是找这种现象的内部机理。譬如说，用生物化学原理可以证实，黄曲霉毒素可以致癌；用高等代数理论可以证明，用尺规不能把任意角三等分；上面说到的“油坦克”问题，可以用微积分算出油量与液面高度的函数式……这都是在揭示内部机理。

另一种方法是，当内部机理难以弄清时，可以通过实验和实验结果来分析自然现象的规律。科学家把这种现象比喻为一只“黑箱”。在实验中，这只“黑箱”里究竟装了什么东西？其结构如何？这并不重要。重要的是，在对“黑箱”进行一些刺激后，它会有什么反应？譬如，“油坦克”的油量与液面高度之间的关系，我们并不清楚，我们可以将之看成一只“黑箱”；“倒油”，就是对“黑箱”进行刺激；实验结果，就是“黑箱”对刺激的反应。通过对刺激量和反映值的分析，可以了解它的作用和规律——尽管在这一过程中，我们对它的内部机理仍不清楚。“黑箱”思想是现代应用数学家的一个重要思想，但我们也可以用它。

例1　弹簧秤下挂着1、2、3、4、5千克重物时，弹簧伸长分别为0.21、0.41、0.62、0.79、0.99厘米。试确定弹簧伸长与重物重量之间的关系。

弹簧伸长与重物重量间的关系，最好从材料学角度去分析，但材料学还没有发展到如此的程度，还必须借助于实验。

解：把重物重量当作横轴，弹簧伸长当作纵轴，画出直角坐标系（图35.2）。把各对数据标在坐标系里，可以看出，各点大致可以连成一条直线。画一条直线，尽量靠近各点。可以认为，这条直线的方程是$y=0.2x$。

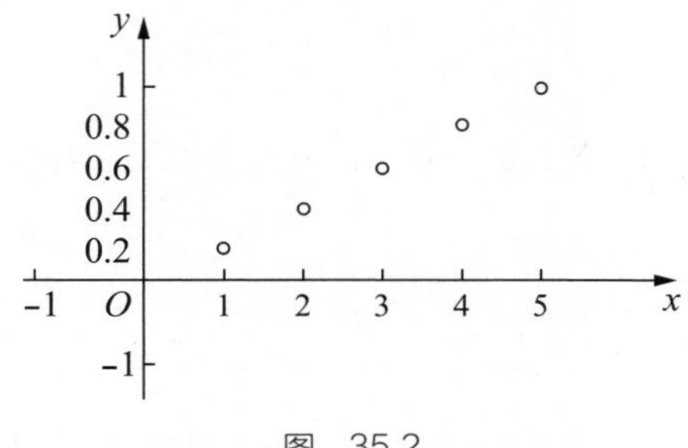

图 35.2

在实际工作中，为了研究某两个变量的函数关系，我们要采集很多数据。根据这些数据在坐标系里描点之后，我们可能发现，它们大致呈某种状态分布，比如弹簧问题的数据会呈一条直线。（但是，这些点肯定散落在这条直线的边上，这时候就要用到曲线拟合的方法。）

所以，“黑箱”思想对中学生学数学，也有一定借鉴意义。

例 2　已知 $y=ax^5+b\sqrt[3]{x}+4$，其中 a, b 是实数，当 $x=1+\dfrac{1}{\sqrt{2}+1}$ 时，$y=5$，求：当 $x=1-\dfrac{1}{\sqrt{2}-1}$ 时，y 的值。

分析： 由已知得

$$y=a\left(1+\frac{1}{\sqrt{2}+1}\right)^5+b\sqrt[3]{\left(1+\frac{1}{\sqrt{2}+1}\right)}+4=5$$

两个变量 a, b 无法解出，这个函数不明。我们可以暂时认为这是一个“黑箱”，因此不要试图求出这个函数式，应该避开它，转而研究两次输入值（x 值）之间的关系——原来它们是互为相反数的：

$$1-\frac{1}{\sqrt{2}-1}=-(1+\frac{1}{\sqrt{2}+1})$$

既然两次输入值间有关系，那么两次输出结果也应该有关系。第二次输入：

$$\begin{aligned}&a(1-\frac{1}{\sqrt{2}-1})^5+b\sqrt[3]{1-\frac{1}{\sqrt{2}-1}}+4\\&=a[-(1+\frac{1}{\sqrt{2}+1})]^5+b\sqrt[3]{-(1+\frac{1}{\sqrt{2}+1})}+4\\&=-a(1+\frac{1}{\sqrt{2}+1})^5-b\sqrt[3]{(1+\frac{1}{\sqrt{2}+1})}-4+8\\&=-[a(1+\frac{1}{\sqrt{2}+1})^5+b\sqrt[3]{(1+\frac{1}{\sqrt{2}+1})}+4]+8\end{aligned}$$

其中

$$a(1+\frac{1}{\sqrt{2}+1})^5+b\sqrt[3]{(1+\frac{1}{\sqrt{2}+1})}+4$$

就是第一次输入的结果，等于 5，于是上式等于 $-5+8=3$。因此，当 $x=1-\frac{1}{\sqrt{2}-1}$ 时，$y=3$。

实际上，这种解题方法我们还是会经常遇到的，这里是从另一个角度——控制论的黑箱理论——来加以分析的，权当为大家开阔眼界吧。

实验方法里还常有一种用法，叫模拟法。有时，一类数学问题与一类物理或其他领域的问题可以归结为同一个原理。如果用数学知识解决这类问题有困难，就可以利用物理手段或其他手段来模拟数学问题，从而解决这类数学问题。

17 世纪，费马曾向意大利物理学家、数学家托里拆利提出一个问题："在一个三角形中求一点，使该点到三顶点的距离之和为最短。"托里拆利找到了这个点，它就是到三角形三个顶点的张角都为 120° 的点（假设三角形的内角都不大于 120°），因此这个点叫费马点，也叫托里拆利点。这个问题可以用纯几何方法寻找，并予以证明。19 世纪，著名的德国几何学家施泰纳拓展了这个问题，该问题后来叫施泰纳最小树问题。

费马点的求法并不难。只要以 $\triangle ABC$ 的边为一边，向形外各作一个正三角形 $\triangle ABD$, $\triangle BCE$, $\triangle ACF$。作这三个正三角形的外接圆，必交于一点 P。P 到 A、B、C 的张角肯定都是 120°（图 35.3）。

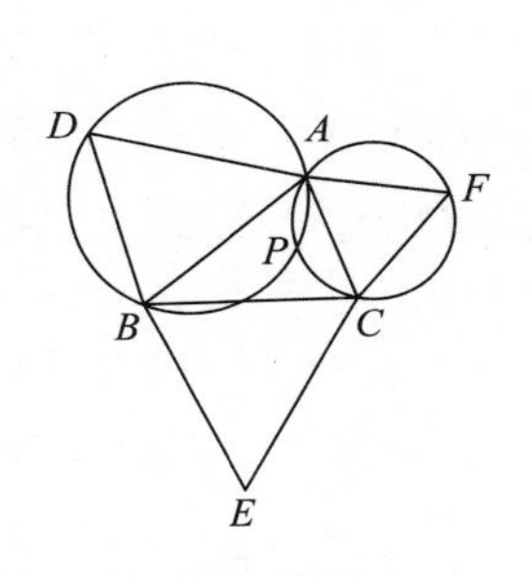

图 35.3

由于存在表面张力，皂膜有一个特性：它总能使自己的表面积最小。皂膜现象与施泰纳最小树问题，一个是物理现象，另一个是数学问题，但两者有共同的本质。所以，我们也可以通过皂膜实验来解施泰纳最小树问题。

如图 35.4，在有机玻璃夹板间嵌入三根小棍 AA'、BB'、CC'。A、B、C 的位置构成了一个三角形。

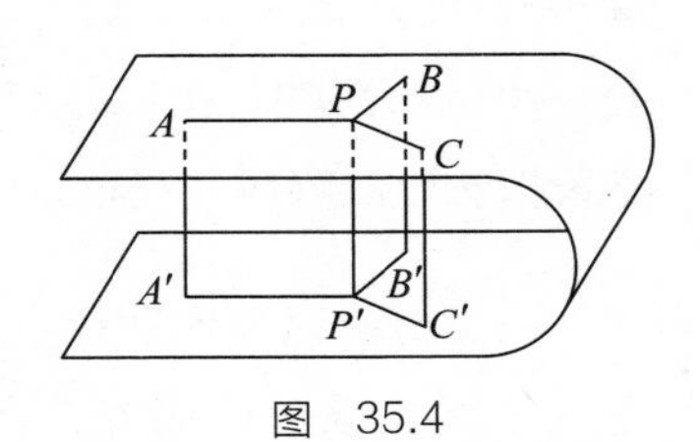

图 35.4

把整个结构浸入皂膜中，然后从皂膜中取出，此时在 AA'、BB'、CC' 三根小棍间会形成一张皂膜。皂膜会聚集在 PP' 处。$\angle APB$、$\angle APC$ 和 $\angle BPC$ 都是 120°。施泰纳最小树问题中的费马点就通过皂膜实验，用模拟的方法求出来了。

皂膜实验看起来很麻烦，不如数学手段好，但如果把问题推广到4个点、5个点，甚至更多的点，要求出一个网络，连接给定各点，并使网络总长度最短，那么纯几何的方法就不如皂膜实验简洁了。图35.5给出了A、B、C、D、E、F这6个点，用皂膜实验可以求出一个网络，而用纯几何方法，过程是很烦琐的。

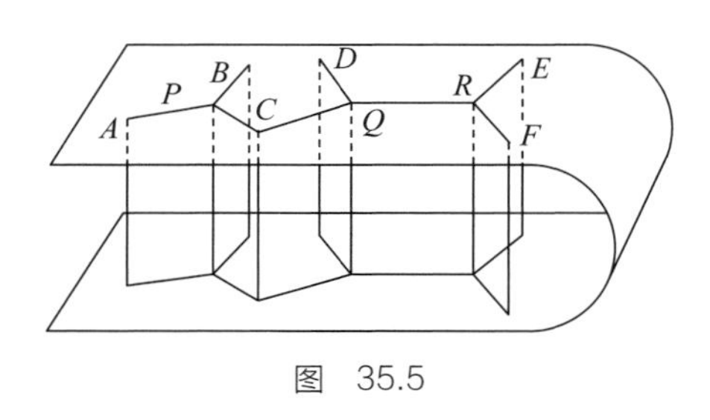

图 35.5

波兰数学家施泰因豪斯在《数学万花镜》一书中提出了一个著名问题——“三村联合办学问题”：

三村要合建一所学校，已知各村分别有50、70和90个孩子，为了尽量减少全体学生上学所花的总时间，求一个合适的建校地点。

这个问题比施泰纳最小树问题复杂一些，它不是要求“总距离最短”，而是要求“人·千米”的值最小。用纯几何方法，这个问题是可以解决的，但比较麻烦，这里不予介绍。有趣的是，用力学模拟法可以解决“三村办学问题”。

把三村位置按比例标在一张桌子的桌面上，并在相应地点各挖一个洞。取三根细绳，其中一头缚在一起，另一头分别穿在三个洞内。每根绳下分别挂上与人数相应的砝码，即50、70、90千克。假设各小洞处十分光滑，整个结构经过短时间的移动后会达到平衡，桌面上的结点P的位置，就应该是修建学校的位置（图

35.6），它可以使

$$50 \cdot PA + 70 \cdot PB + 90 \cdot PC$$

达到最小值。

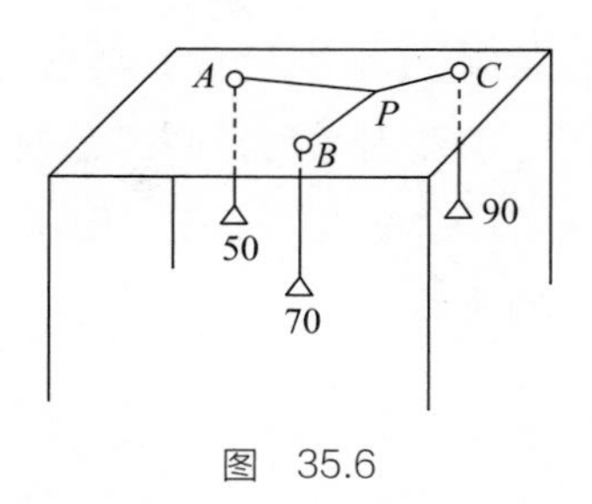

图 35.6

如果有四村、五村甚至更多的村联合办一所小学，用纯数学手段解决起来就更困难了，但用力学模拟法不过是多开几个洞而已。顺便说一下，这类问题叫最短网络问题，是图论中的一个问题，应用价值很高。

物理模拟想法不错，但构造一个物理结构有时候并不容易。幸好，计算机可以承担这个工作，计算机模拟应运而生，很多实际问题都可以用计算机来模拟解决。

在中学数学课堂里，老师们常常用实验来引进新的概念、新的方法，这是很好的。比如，在学习圆周率时，老师往往会利用绕线实验、滚动实验来测出圆的周长。然后用周长除以圆的直径，就得到一个数值。这个数值不因圆的大小而变化，这就是圆周率。接着，我们就可以得出圆的周长公式了。

但是，我们毕竟上的是数学课，数学还得讲究推理、证明，不能总用实验来代替啊。我曾经听过一节课，老师讲的就是圆周率，什么绕线法、滚动法……学生听得很起劲，课堂气氛很活跃，老师也讲得清晰、生动。然而到了最后，同学们还是不知道圆的周长公式的来历和意义，还以为求圆周长就得绕线、滚动、做实验呢。我有感而发，写了一篇文章，指出在数学课上，“量”是为了引入定理、公式，“量”不是最终目的——“量”是为了“不量”。

后来，《数学教学》杂志的主编张奠宙、赵小平教授在我的感想上再发表感想，说：“量是为了不量，不量是更好的量。”更精辟了！这就点明了实验和理论的正确关系，特别是在数学课中两者的关系。

36　合情推理

著名数学教育家波利亚提出的“合情推理”（包括归纳、类比等）观点刚传到我国来的时候，引起了不小的轰动。

归纳

生活中大量使用归纳法，比如，今天太阳从东方升起，明天太阳也从东方升起，后天太阳又是从东方升起……经过多次观察，人们发现太阳每天都从东方升起，于是人们自然地认为，“太阳从东方升起”是真理。

归纳法，就是从个别的结论得出一般的结论来。

归纳法分两种：完全归纳与不完全归纳。完全归纳是对所有个体都一一加以考查，最后得出结论，这个结论无疑是可靠的。所以，完全归纳法是在数学中运用的一种逻辑推理方法。而不完全归纳法是对一部分个体加以考查，然后得出一般结论。上面所说的“太阳从东方升起”，就是用不完全归纳法得出的结论。不完全归纳得出的结论未必为真，所以在数学里，它不能作为推理方法。

波利亚在他的名著《数学与猜想》中写过一段笑话：

数学家讥笑物理学家说：“一个物理学家相信 60 能被一切数除尽，因为他发现 60 能被 1、2、3、4、5、6 除尽。”

物理学家又讥笑工程师：“你去看那位工程师吧！他认为所有奇数都是质数，还辩解说：‘1 无论如何是质数，无疑，3、5、7 是奇数；9 则不灵了，它似乎不是质数；然而 11、13 的确又是质数。

回过头来再分析一下 9，我断定，9 必定是一个实验性错误。’”

这个笑话风趣地指出了数学家的论证方法与其他领域的科学家的不同之处：其他领域的科学家常使用不完全归纳法作为论证方法，而数学家不是这样的。同时，这个笑话说明，不完全归纳法确实可能导致错误：众所周知，60 不可能被一切数除尽，所有奇数也不可能都是质数。

但是，不完全归纳法对数学家也至关重要。尽管它可能导致错误，但它毕竟可以得出一个结论，更何况，这些结论有时是正确的。譬如，一位病人面对一大沓化验报告，不知所措，一位医生两手一摊、两肩一耸，无所作为；而另一位医生，虽然觉得这是疑难杂症，却好歹做出了一个判断。你觉得，哪一位医生水平高一些呢？尽管后一位医生的判断不一定正确，恐怕，你还是会认为后一位医生的水平高一些吧？

数学家从事的是创造性工作，不像我们这些普通人，等着老师出好题目让我们解，数学家是要为自己出题的。题从何来？不完全归纳就是一个重要源泉。

完全归纳法属于逻辑推理方法。在数学里，不完全归纳不能算逻辑推理方法，但波利亚把它叫作“合情推理”方法——这是一个很恰当的名称。为了使得用不完全归纳法得出的结论尽量可靠些，数学家在工作中总结出一些“合情推理”的模式。

我们知道，在推理中常用反证法，它的模式如下：

如果 A，那么 B

B 真

$\therefore A$ 假

在上述前提下，如果 B 真，可能得出什么结论呢？我们只能说，A 有可能为真。这就是一个合情推理模式Ⅰ：

$$\frac{\begin{array}{c}\text{如果 } A\text{，那么 } B \\ B\text{ 真}\end{array}}{\therefore A\text{ 有可能为真}}$$

设 A 表示命题“60 可以被一切数除尽”，B 表示命题“60 被 2 除尽”，当然由 A 可得出 B。现在 B 为真，我们也无法推翻 A，所以可以说，A 有可能为真（当然也可能为假）。

进一步，有下面的合情推理模式Ⅱ：

$$\frac{\begin{array}{c}\text{如果 } A\text{，那么 } B_1, B_2, \cdots, B_n \\ B_1, B_2, \cdots, B_n\end{array}}{\therefore A\text{ 更可能为真}}$$

仍以上面的例子进行说明。B_1 代表“60 被 1 除尽”，B_2 代表“60 被 2 除尽”，B_3 代表“60 被 3 除尽”，B_4 代表“60 被 4 除尽”，B_5 代表“60 被 5 除尽”，B_6 代表“60 被 6 除尽”。显然，如果 A 成立，那么 $B_1, B_2, \cdots, B_6$ 都成立。现在 $B_1, B_2, \cdots, B_6$ 都为真，那 A 为真吗？不能断言。但 A 为真的可能性大了一点儿。可见，个别的例子越多，一般结论的可靠性也就越大。

在 $B_1, B_2, \cdots, B_n$ 中，如果有一个个别例子很不平常，那么 A 为真的可能性会大大增加。譬如，有一个被告被指控用农药毒死了一个人，而且原告出示了被告购买农药的发票。如果被告是一位城市居民，那么他购买农药这件事就很反常，这位被告毒死人的可能性大大增加；但如果被告是一位农民，这不过就是一个普通疑点而已了。

于是，我们又有合情推理模式Ⅲ：

$$\frac{\begin{array}{l}\text{如果 } A\text{，那么 } B_1, B_2, \cdots, B_n \\ B_1, B_2, \cdots, B_n \text{ 真} \\ B_n \text{ 本身很不像是可靠的或与 } B_1, B_2, \cdots, B_{n-1} \text{ 很不相似}\end{array}}{A \text{ 极可能为真}}$$

例如，我们知道圆台侧面积公式是

$$S = \pi(R+r)\sqrt{(R-r)^2 + h^2}$$

其中 R、r 分别为下底面、上底面的半径，h 为高。我们将这个判断记为 A。

一位老师提出问题：“你们能检验一下这个结果 A 吗？”于是有人提出一个特例，当 $R = r$ 时，A 成立，即

$$B_1\text{：圆柱侧面积是 } 2\pi rh$$

成立。

第二个特例自然会想到 $r = 0$，即

$$B_2\text{：圆锥侧面积是 } \pi R\sqrt{R^2 + h^2}$$

成立。

第三个特例可举出 $h = 0$，即

$$B_3\text{：圆环面积是 } \pi R^2 - \pi r^2$$

成立。这个例子有点儿不平常了，它与 B_1、B_2 有质的不同。B_1、B_2 是立体，而 B_3 是平面图形。B_3 的成立，使对 A 成立的信心大增。

然而，$r=h=0$ 的情况更不平常，即

B_4：半径为 R 的圆面积是 πR^2

成立。B_4 给 A 成立带来了极大的信心。

类比

类比也是一种“合情推理”，给数学家带来了发现的灵感。类比可以表示为下面的模式Ⅳ：

$$\begin{array}{c} A\text{ 类似于 }B \\ B\text{ 真} \\ \hline \therefore A\text{ 可能真} \end{array}$$

类比在中学数学阶段的学习中比比皆是。首先，算术中的数的性质和代数中的式的性质具有一定的相似性。例如，分数加法法则是异分母的两数相加，要先通分，取公分母为原先两个分母的最小公倍数，然后化为同分母的两分数相加。而在分式相加时，我们有类似的法则。

平面几何与立体几何的某些定理之间也有很大的相似性。例如，在平面几何中，

$$\text{矩形面积} = \text{底} \times \text{高}$$

$$\text{三角形面积} = \frac{1}{2} \times \text{底} \times \text{高}$$

在立体几何中，

$$柱体体积 = 底面积 \times 高$$

$$锥体体积 = \frac{1}{3} \times 底面积 \times 高$$

其实是很相似的。

猜想

波利亚说：“在课堂上，‘猜想’往往是一条禁律。然而在数学研究里，‘先猜想后证明’几乎是一条规律。”

归纳与类比，可以导致猜想。数学家在得到猜想之后，通过论证、反驳才有了目标。猜想太重要了。从某种意义上说，提出问题比解决问题更重要，也就是说，猜想比论证更重要——让我们学会猜想吧！

历史上曾有过很多有名的猜想。在 1637 年，费马提出的费马大定理就是一个猜想：

$$方程 x^n + y^n = z^n \ (n > 2) 没有正整数解。$$

这个猜想困扰了数学家们几百年，直到 20 世纪末才由怀尔斯证实。

哥德巴赫猜想也是数学史上一个著名的猜想，这一猜想最初表述为：

任何一个不小于 6 的偶数都是两个奇质数之和。

自从 1742 年哥德巴赫提出这一猜想，200 多年已经过去了，没人能解决这一猜想。

当一个猜想形成之后，接下去的任务就是要么证明它是正确的，要么反驳它，说明它是错误的。

反驳可以指出一个命题（猜想）是不正确的，但是，数学家常常并不到此为止，他们经常想通过反驳来“修改”猜想。比如说，把原猜想的适用范围缩小一些，或者，把原猜想结论中所指出的特性减少一些，或者，把原猜想的条件再增加一些，或者，重新研究因果关系，从而提出新的猜想。

譬如说，“分母 p 是质数，分数 $\frac{1}{p}$ 不能化为有限小数”，这是不正确的。但我们把范围缩小些，改为“分母 p 是 2、5 以外的质数，那么分数 $\frac{1}{p}$ 不能化为有限小数”，便是正确的了。

再譬如说，“在三角形中，$\angle A$ 对应的边长为 a，$\angle B$ 对应的边长为 b，如果满足 $\frac{\cos A}{b}=\frac{\cos B}{a}$，那么 $\triangle ABC$ 就是等腰三角形”，这是不正确的。但我们把结果扩大些，得出“如果满足 $\frac{\cos A}{b}=\frac{\cos B}{a}$，则 $\triangle ABC$ 是等腰三角形或直角三角形”，这就是正确的了。

欧拉提出多面体的顶点数（V）、面数（F）和棱数（E）之间有一个重要公式，被称为欧拉公式：

$$F+V=E+2$$

这个公式的发现就经历了多次被反驳、多次被修改。这一发现过程与这个公式本身一样，如今被人们视为典范，波利亚在其名著《数学与猜想》中，拉卡托斯在其著作《证明与反驳》中都对此进行了介绍和阐述。

下面，我们也来学习一下怎样猜想。

$$0.\dot{1}42\ 85\dot{7}=\frac{1}{7}$$

$$0.\dot{2}85\ 71\dot{4}=\frac{2}{7}$$

这两个循环小数怎么做加法？可不可以如普通小数那样，直接就加？我们试一试

$$\begin{array}{r} 0.\dot{1}42\ 85\dot{7} \\ +\quad 0.\dot{2}85\ 71\dot{4} \\ \hline 0.\dot{4}28\ 57\dot{1} \end{array}$$

结果 $0.\dot{4}28\ 57\dot{1}$ 恰巧等于 $\frac{3}{7}$。看来，循环小数可以像普通小数那样直接相加，不必转化为分数后再相加了。这是通过类比得到的一个猜想。

但是

$$\frac{5}{7}=0.\dot{7}14\ 28\dot{5}$$

如果把 $\frac{3}{7}=0.\dot{4}28\ 57\dot{1}$ 和 $\frac{5}{7}=0.\dot{7}14\ 28\dot{5}$ 直接相加，结果会怎么样呢？

$$\begin{array}{r} 0.\dot{4}28\ 57\dot{1} \\ +\quad 0.\dot{7}14\ 28\dot{5} \\ \hline 1.\dot{1}42\ 85\dot{6} \end{array} \tag{1}$$

而

$$\frac{3}{7}+\frac{5}{7}=\frac{8}{7}=1.\dot{1}42\ 85\dot{7}$$

末位相差了一个单位，应是 7，而不是 6。这个猜想不对了！这是反驳。接下去，我们要修改猜想。

原来，这仅仅是一个循环节的相加，实际上，两个循环小数相加是有很多、很多的循环节在相加。这时候，后面一个循环节的首位在相加时也发生了进位，因此 (1) 式中的 $1.\dot{1}42\ 85\dot{6}$ 应改成 $1.\dot{1}42\ 85\dot{7}$ 。

$$\begin{array}{rl}
 & 0.428571 \,\vdots\, 428571\ \cdots \\
+) & 0.714285 \,\vdots\, 714285\ \cdots \\
\hline
 & \qquad\quad 1\ \ 1
\end{array}$$

进位

经过修改之后的结论是：如果循环节的位数相同，循环小数可以直接相加；当遇到循环节的首位在相加时发生进位时，每一个循环节的末位也要进位。

这一定会激起你的思考：两个循环小数能不能模仿普通加法直接相加呢？如果可以的话，法则应是怎样的呢？请大家大胆猜想吧！

37　尝试

一个问题有时会有很多解。在中学阶段，老师会要求大家求通解，也就是它包含了所有解。如果漏了一个解，老师还可能要算错。但在实际工作中，我们有时找不到通解，这时就只能退而求其次，找上一两个解，也叫特解。可惜的是，我们有时连求一个特解的固定办法也没有，这时就只能尝试着找特解了。其实，这是应用数学家常用的方法。

尝试，是有依据的尝试，有规律可以遵循。譬如，找有理系数高次方程

$$ax^k+bx^{k-1}+\cdots+px+q=0 \tag{1}$$

的有理根，可以从 q 的因数与 a 的因数的商中去找，因为这是有定理作为保证的。这个定理是：有理系数高次方程 (1) 的根可以表为一个分数 $\frac{n}{m}$，其中 n 是常数项 q 的质因数，m 是首项系数 a 的质因数。

例 1　求解方程：$f(x)=2x^3-3x^2-2x+3=0$。

解： 三次项系数 2 的因数有 ±1 和 ±2；常数项 3 的因数有 ±1 和 ±3 。把前者作为分母，后者作为分子，搭配起来共有 8 种可能：

$$\pm1,\ \pm3,\ \pm\frac{1}{2},\ \pm\frac{3}{2}$$

而方程的有理根必在其中。接着我们逐一尝试：

$$f(1)=0$$
$$f(-1)=0$$
$$f(3)=24\neq 0$$
$$f(-3)=-72\neq 0$$
$$f\left(\frac{1}{2}\right)=\frac{3}{2}\neq 0$$
$$f\left(-\frac{1}{2}\right)=3\neq 0$$
$$f\left(\frac{3}{2}\right)=0$$
$$f\left(-\frac{3}{2}\right)=-\frac{15}{2}\neq 0$$

所以，方程的根是± 1，以及$\frac{3}{2}$。解题，也要学会尝试。

例 2　五位数 $\overline{20ab5}$ 是 99 是倍数，求 a, b 的值。

解：设$\overline{20ab5}=99m$，首先估计 m 的范围：因为 20 005 除以 99 得 202.07...，而 20 995 除以 99 得 212.07...，所以 $202<m<212$。

m 的第一位数字应该是 2，第二位数字应该只有两种可能：0 或 1。再估计 m 的末尾数字，应该是 5。于是可以尝试：

若 $m=205$，$99m=20\ 295$；

若 $m=215$，$99m=21\ 285$（舍去）；

可见，$a=2$，$b=9$。

在我国古代数学著作《算法统宗》中“百羊问题”是“难题”中之一例：

甲赶群羊逐草茂，

乙拽肥羊一只随其后，
戏问甲及一百否？
甲云所说无差谬，
若得这般一群凑，
再添半群小半群，（小半即四分之一）
得你一只来方凑。

后来，这类问题及其解法传到了俄罗斯，被改头换面，并编入了马格尼茨基编的《算术》一书中。下面是改变后的问题。

例 3　某位家长问老师：“请您告诉我，您班上有多少学生？因为我想送我的儿子到您班上学习。”老师回答：“如果我班的学生增加一倍，再增加 $\frac{1}{2}$，再增加 $\frac{1}{4}$，再加上您的儿子，将有 100 名学生。”问：这个班上有多少学生？

马格尼茨基采用“双设法”来解，这实际上就是我国古代的“盈不足术”。

解：设学生数为 24 人（第一次假设），则由题意，有

$$24+24+12+6+1=67<100$$

这个结果不合要求，误差为 33 人（第一次误差）。

再设学生人数为 32 人（第二次假设），则

$$32+32+16+8+1=89<100$$

误差为 11 人（第二次误差）。

最后根据假设调整公式：

$$\frac{\text{第二次假设}\times\text{第一次误差}-\text{第一次假设}\times\text{第二次误差}}{\text{第一次误差}-\text{第二次误差}}$$

求出全班原有人数为

$$\frac{32\times33-24\times11}{33-11}=36\text{ 人}$$

这几个例子都是有理论支撑的，在此基础上进行尝试，答案是可靠的，但大多数情况并不如此。

华罗庚教授生前致力于优选法的推广工作。优选法本质上就是一种尝试方法，就是在利用一些数学知识使尝试的次数减少些，从而能快、好、省地找到最佳方案。

例如，为生产某种化工产品，要添加一种成分 A，希望找到 A 的适当比例，使产品的硬度最大。已知每千克产品 A 含量在 0 克与 100 克之间。如果全面试验，要试许多次，如 A 含量是 0 克、1 克、2 克……100 克各试一次，那就是 101 次。这样所花的人力、财力、时间都是很可观的。其后，我们还要从中比较何时产品硬度最大，那么这时 A 的比例就是最恰当的。

能不能减少尝试的次数，却达到同样的效果呢？

单因素的 0.618 法就可以解决这个问题。0.618 法是这样的：先做两次试验，试验点选在 0 克 ~ 100 克范围中 0.618 克和 0.382 克两处，即 A 含量为 38.2 克和 61.8 克时各试验一次。然后比较两次的效果，如果 38.2 克更好，那么在 61.8 克 ~ 100 克范围内的试验就都可以不再做了；如果 61.8 克更好，那么在 0 克 ~ 38.2 克范围内的试验都可以不再做了（图 37.1）。

这是什么原因呢？譬如，在 38.2 克更好的情形里，既然 61.8 克不如 38.2 克，那可以说明 62 克、63 克……更不可能比 38.2 克好，所以就不必再试了，因为我们根据经验，有理由认为 A 的比例总是仅在一处最恰当。

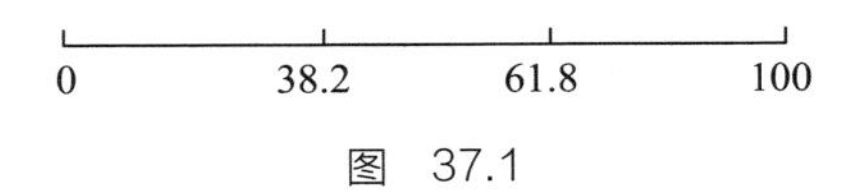

图　37.1

现在，假定 38.2 克更好，舍去 61.8 克 ~ 100 克的全部试验。接下来，把在 0 克 ~ 61.8 克这个范围中的 0.382 和 0.618 处求出的结果做对比，即 A 含量是 23.6 克和 38.2 克。38.2 克处的试验已经做过，只要补做 23.6 克处的试验就可以了。比较一下，如果 23.6 克更好，就舍去 38.2 克 ~ 61.8 克的所有试验；如果 38.2 克更好，舍去 0 克 ~ 23.6 克的所有试验。这样逐步试验，逐步调整，最后可以找到 A 的最佳含量。

实际上，0.618 是黄金分割数的近似值，0.618 法的巧妙之处就在于此。但 0.618 法有可能会犯错误，因为它只适合单峰函数，也就是只有一个最大（小）值的函数，如二次函数那样。但是，我们在现实中遇到的问题是不是仅涉及单峰函数？这几乎无法论证，往往只能凭经验。所以只能说，0.618 法有点儿根据吧……

在双因素的优选法中，有个“盲人爬山法”更是尝试法中需要逐一调整的典范。盲人看不到山峰所在，只能靠手杖前后左右地探索，感觉哪儿高，就往哪儿爬——爬一步，前后左右探索一次，这样一步步到达山顶（但这个山顶还不一定是该山区的主峰顶）。“盲人爬山法”就遵循这个原理。

在种种尝试方法中，有种方法和“盲人爬山法”有点儿相似，叫贪心算法——有点儿意思。比如，一个小孩常常溜进一家果园，从果树上摘果子吃。他每次只摘一只，并且总是挑最大的摘。我们说，这是个贪心的孩子。在数学里，当我们要安排做一件事情时，也会遇到需要做多次才能完成的情况，如果我们每次都挑最有利的先做，则把这种安排事物的思想方法叫作“贪心算法”。

例 4　有一个地区的地图如图 37.2，*A*、*B*、*C*、*D*、*E*、*F* 表示镇，镇间的道路的长度分别标在路旁（千米），其中 *AB* 与 *CD* 两条路交叉处是立交道（用虚线表示）。该地区的行政机关设在 *F* 镇，所以该地区想拓宽一些道路，使各镇的车辆都能通过拓宽后的大道到达 *F* 镇，当然，该地区希望修路的经费尽量节省些，也就是说，希望拓宽后的大道的总长要短些。

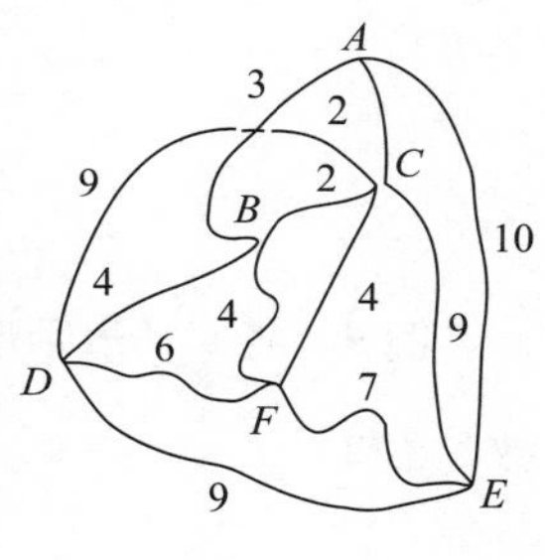

图　37.2

解： 利用贪心算法。第一步先取第一段路，选取标准为各段路间最短的路，这当然是 AC 或 BC。譬如选 $AC(=2)$。

然后，第二步在余下的路中选最短的，当然是 $BC(=2)$。

第三步仍在余下的路中选最短的，是 $AB(=3)$。但 A、B、C 三镇连成一圈，拓宽 AB 没有必要，所以剔除 AB。

第四步应在 CF、BF、$BD(=4)$ 中挑一条，譬如挑 BD。

第五步挑 BF（也可以挑 CF）。

第六步考虑 CF，因成圈，决定剔除。

第七步，挑 $EF(=7)$ 。

至此，拓宽道路方案可以定下（如图 37.3）。也可以在第五步挑 CF，得方案如图 37.4。

图 37.3　　图 37.4

例 5　将 $\frac{5}{121}$ 表示成分母各不相同的单位分数（分子为 1 的分数）之和。

分析：这个问题有点儿“没头没脑”，要尝试也无从着手——不妨用贪心算法。先找一个分数试试，譬如找 $\frac{1}{2}$ 就不合适，因为 $\frac{1}{2}$ 已经超过 $\frac{5}{121}$ 了，所以先要估计一下。

解：由于 $\frac{121}{5}=24.2$ ，所以，$\frac{5}{121}$ 介于单位分数 $\frac{1}{25}$ 与 $\frac{1}{24}$ 之间，$\frac{1}{25}$ 是小于 $\frac{5}{121}$ 的单位分数中最大的一个。我们就把 $\frac{1}{25}$ 作为 $\frac{5}{121}$ 的单位分数分拆式中的第一个分数。（体会一下，是不是“贪心”？）

$\frac{5}{121}$ 比 $\frac{1}{25}$ 大，大了多少呢？不难算出

$$\frac{5}{121}-\frac{1}{25}=\frac{4}{3025}$$

当然有

$$\frac{5}{121}=\frac{1}{25}+\frac{4}{3025}$$

但 $\frac{4}{3025}$ 不是单位分数，所以至此没有分拆完毕。由于

$$\frac{3025}{4}=756.25$$

所以

$$\frac{1}{757}<\frac{4}{3025}<\frac{1}{756}$$

取 $\frac{1}{757}$ 为 $\frac{5}{121}$ 的分拆式的第二项。由于

$$\frac{4}{3025}-\frac{1}{757}=\frac{3}{2\ 289\ 925}$$

$$\frac{2\ 289\ 925}{3}\approx 763\ 308.33$$

所以

$$\frac{1}{763\ 309}<\frac{3}{2\ 289\ 925}<\frac{1}{763\ 308}$$

取 $\frac{1}{763\ 309}$ 为分拆式的第三项。同样方法可得第四项为 $\frac{1}{873\ 960\ 180\ 913}$，第五项为 $\frac{1}{1\ 527\ 612\ 795\ 642\ 093\ 418\ 846\ 225}$。至此，恰巧结束。

所以，$\frac{5}{121}$ 的单位分数分拆式为

$$\frac{5}{121}=\frac{1}{25}+\frac{1}{757}+\frac{1}{763\ 309}+\frac{1}{873\ 960\ 180\ 913}+\frac{1}{1\ 527\ 612\ 795\ 642\ 093\ 418\ 846\ 225} \tag{1}$$

在古埃及，人们不懂得写 $\frac{5}{6}$，只会写 $\frac{1}{2}+\frac{1}{3}$，也就是说，古埃及人或许只知道单位分数。虽然在古欧洲，人们对单位分数已有不少研究，但现在，仍有人把单位分数称作“埃及分数”。把一个普通的真分数分拆为分母各不相同的单位分数的和的方法，是斐波那契发现的。容易看出，这种方法从思想方法角度看，属于贪心算法。

贪心算法可以给出一种安排，但不一定是最佳的。譬如说，上面所得的分拆式有 5 项，而下列的分拆式只有 3 项：

$$\frac{5}{121}=\frac{1}{25}+\frac{1}{759}+\frac{1}{208\ 725} \tag{2}$$

如果以项数少为最佳的话，(2) 式优于 (1) 式。

同是三项分拆式，

$$\frac{5}{121}=\frac{1}{33}+\frac{1}{121}+\frac{1}{363} \tag{3}$$

的分母更小。所以，如果以项数少且分母小为最佳的话，(3) 式又优于 (2) 式。

从上面讲述的内容可以知道，尝试法的思路往往与我们熟悉的解题方法相反，譬如解方程，我们通常是从方程变换求得未知数的值的，而尝试法则是先有（未知数的）值，然后再去验证它是不是适合方程。

另外，有的尝试是以可靠的理论作为依据的，结果也是可靠的。我们在中学里会遇到的必须运用尝试手段的情况，一般都是有理论依据的。而大多情况下，依据并不充分。因此，我们在尝试时要尽量根据定理法则，研究未知量的范围，选择初始值，调整方向和跨度，减少试验次数。

我们在中学里学习的数学知识大多是“中规中矩”的——这当然是正确的、必要的，但是，我们也应该知道，在工作和生活中遇到的数学问题并不一定按常理出牌。这时候，我们会被逼尝试各种各样的办法，去解决问题。了解一点儿关于尝试的知识和做法，是有意义的。

38　蒙特卡罗方法

多年以前，出了一位名叫于振善的“土专家”，他会出名是因为一个发明，一个故事。

他的发明是一把尺子，后来被命名为“于振善计算尺”。这种计算尺可以进行多种计算，在技术水平普遍低下的时代里发挥了不少作用。当然，在电子计算机高速发展的今天，这项发明已经没有什么实际价值，只能算作一种“纪念”了。

他的故事也流传颇广，那就是“称面积”的故事。一年，河北省清苑县划给安国县一块土地，清苑县长想知道全县还剩多大面积，但因为地图形状不规则，谁也算不出来。于是，人们找来“土专家”于振善。于振善找到一块厚薄均匀的长方形木板，称一下重量，假如为 10 两，这代表 1000 平方里。然后将清苑县的地图贴在木板上，沿图界锯出来，称得重量为 7 两 5 钱 3 分，由此，他推测出全县面积近似 753 平方里。

我早就知道这个故事，很佩服于振善。后来，我知道了另一种方法，也可以求出不规则图形的面积，突然觉得，这种方法其实和于师傅“称面积”有异曲同工之妙。这种方法就是蒙特卡罗方法。我们先看一下怎么用这一方法求圆面积，或者说，求圆周率。这可是一个思路别致的方法哦！

取一块边长为 20 的正方形板，在板上画一个内切圆，其半径当然是 10。现在，设想往板上随机地抛珠。当然，一部分珠落在圆内，一部分珠落在圆外。可以认为，珠落在圆内的比率与圆和正方形的面积有关，并且可以进一步认为，它等于圆面积与正方形面积之比。

如果我们抛了 800 颗珠，其中有 620 颗落在圆内，其余落在圆外，那么

$$\frac{620}{800}=\frac{S_{圆}}{S_{正方形}}=\frac{\pi\cdot 10^2}{20^2}$$

得到 $\pi=3.10$ 。

有同学一定会感到很奇怪："咦？这么一来，竟然把圆周率给求出来了！"

是啊，我们就是用了这么一个"装置"，也没用什么高深的数学知识，就把圆周率给求了出来，你是不是很惊讶呢？其实，除了概率统计的思想之外，这一思路就是求比率。如果当初于师傅把清苑县的地图贴在木板上，然后不用称重量的方法，而是用抛珠子的方法，结果也是一样的——最终不就是计算个比率吗？

不过有人会说，割圆方法也好，级数方法也好，虽然结果都是近似的，但答案不应因人而异、因时而异。也就是说，不管你算还是他算，结果都应该是一样的（如果都指定算到某一个精确度的话）。然而抛珠法可不同了：你抛 800 颗珠，可能有 620 颗落在圆内；而他抛 800 颗珠，可能只有 610 颗落在圆内。甚至，我自己在第一次抛和第二次抛的时候，得出的比率也会不相同。这样一来，圆周率岂不是因人而异、因时而异了吗？

没错，用抛珠方法求圆周率，结果就是因人而异、因时而异的。甚至还可能算出异常结果，譬如抛 800 颗珠，400 颗落在圆内，400 颗落在圆外，这种情况一旦发生，算出的圆周率就等于 2；或

者抛 800 颗珠，全落在圆内，圆外一颗也没有，这种情况一旦发生，算出的圆周率等于 4！但是，这种情况发生的可能性很小、很小。

但是，数学的一个分支——概率论保证，只要实验的次数较多，结果就会很稳定，异常结果是几乎不可能发生的。当实验次数达到一定数量时，我们有很大的把握，譬如说，95% 的把握，保证自己所求得的结果是正确的——但我们不能 100% 打包票说，求得的结果肯定正确。

这种方法就是蒙特卡罗方法。“蒙特卡罗”不是哪一位数学家的名字，而是西方一座著名赌城的名字。我们猜想，大概是因为赌博和概率有关，而这个方法也和概率有关，所以人们就用“蒙特卡罗”来命名它吧。

你看，用抛珠法求圆周率是多么与众不同！用这种方法得出的结果居然会因人而异、因时而异，但当实验次数较多时，结果是稳定的，差异不大。也就是说，结果可能是错误的，但当实验次数较多时，我们可以“有很大把握”说它是正确的。这就属于蒙特卡罗方法。但抛珠求圆周率的方法真的操作起来，其实挺麻烦的。要准备正方形的纸，把正方形纸的周边围起来防止珠子乱滚，画一个内接圆，抛珠子，数珠子，计算……这么麻烦，谁愿意做啊！

日本就曾有人用原始的抛珠方法“抛”了 400 颗珠子，最后落在直角扇形内的有 332 颗，算得圆周率等于 3.32。

其实，这一操作是可以改进的。先把前述的正方形平均切成 4

块，取其中一块（图 38.1）。可以认为，在原先的大正方形上抛珠与在这个小正方形上抛珠，不会改变比率的大小。

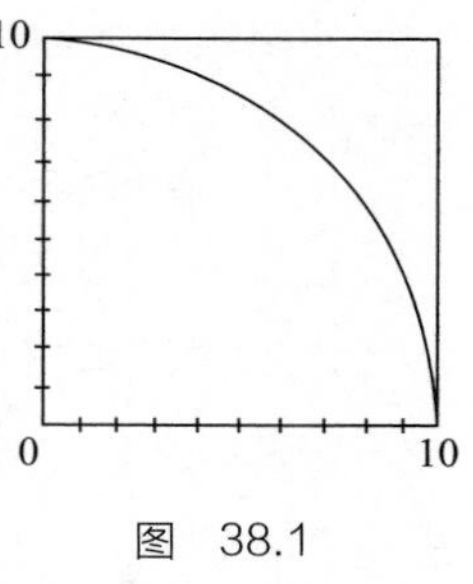

图 38.1

继续改进。可以认为，一颗珠落在板上，总对应着一对数，即一个坐标值。而随机地抛出一颗珠，可以被视为相当于随机地取了一对数——简便起见，我们取一对整数。在取这对整数时，我们可以用抽签等方式决定。

啊，要一次次地抽签，也很麻烦啊！人们很聪明，事先制造一张随机数表，即事先将通过随机方式得到的随机数一一记下得到的表，这种随机数表可以在数学手册上查到。这又是一次改进。下面就是一张随机数表（表 38.1）。

表 38.1

12	67	78	24	44	54	12	73	97	48
79	91	20	20	17	31	83	20	85	66
66	24	89	57	11	27	43	03	14	29
84	52	86	13	51	70	65	88	60	88
29	15	84	77	17	86	64	87	06	55
36	44	92	58	64	91	94	48	64	65
49	56	97	93	91	59	41	21	98	03
70	95	31	99	74	45	67	94	47	79
50	77	60	28	58	75	70	96	70	07
60	66	05	95	58	39	20	25	96	89

使用随机数表时，可以顺着用，也可倒着用，或按其他任何次序用。

有人说：“查表虽然方便一点儿，但我还是不愿意用它。”所以还可以改进。拿出手持计算器，按动数字键就可以自动生成随机数。按键就可以，不用数珠子，也不用查随机数表——懒虫，现在总行了吧！

我们有了随机数，并把每一个数（二位数）十位上的数字作为横坐标，个位上的数字作为纵坐标。譬如，假如第 1 个随机数是 12，就相当于抛了一颗珠，珠的位置是 (1, 2)，因为 $1^2+2^2<10^2$，所以它在图 38.1 中的直角扇形内。

再如，第 2 个随机数是 67，相当于抛了一颗位于 (6, 7) 的珠，因为 $6^2+7^2<10^2$，所以，它也在直角扇形内。

这样一一检验，完全免除了制作装置、抛珠、数珠的麻烦，你只是用计算器按键，利用出现的随机数和一个计算程序进行计算和判断，就完成了抛珠法求圆周率的全过程。这一简单的计算过程，可以设计一个计算机程序予以解决。

简单吗？这就是计算机模拟。

蒙特卡罗方法的用处多着呢，科技、工程、金融等领域都用得上。不过，我们没有足够多的其他专业知识，无法一一举例说明。我在这里只举下面的例子，说明这种方法是多么神通广大。

中学阶段几何求面积的问题通常仅仅涉及多边形和圆，不规则图形的面积问题就算困难了。于师傅遇到的图形就是不规则图形。解决不规则图形的面积问题可以用蒙特卡罗方法。

图 38.2 中的阴影部分是曲线 $y=x^2$、x 轴和线段 AB 围起来的区域，我们叫它“曲边梯形”。这样的面积，初中同学就不太会求了。在大学阶段，这可以用一个定积分

$$\int_0^1 x^2 \mathrm{d}x$$

求出。

定积分的几何意义就是曲边梯形的面积。当然，这个定积分是极其简单的，很容易求。然而如果遇到图 38.3 中的曲边梯形，求其面积就是求相应的定积分：

$$\int_0^1 f(x)\mathrm{d}x$$

这可能很难求——糟糕，怎么办？这时候可以用蒙特卡罗方法求面积。蒙特卡罗方法居然可以用来求定积分，本领不小吧！

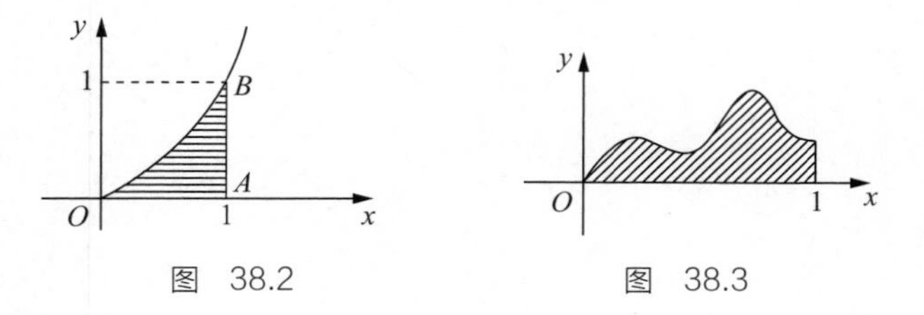

图 38.2　　图 38.3

在现今的中学阶段的学习中，蒙特卡罗方法可能一时还用不上，但大家了解一下，绝对有益。

第一，这种方法和于振善的“称面积”有异曲同工之妙——方法可能有区别，但思想是同源的，这是一个很重要的经验，领会了它，你就能明白一点儿什么是融会贯通，对今后的学习有很多

好处。

第二，蒙特卡罗方法在本质上是实验方法，这也是一个思维上的突破——噢，数学也是可以用实验研究的。

第三，方法是可以一点点改进的。原始做法是真的去抛珠子，我们引进坐标思想、随机数方法之后，就不用真去抛珠子了，这就是“模拟”。再用上电子计算机，使得原本费时、费力的实验过程变成了快速和轻而易举的事情。